運動環境評量表
Movement Environment Rating Scale（MOVERS）
通過運動和體能活動促進身體發展（適用於 2-6 歲幼兒保教機構）

作者：Carol Archer　Iram Siraj　　譯者：張丹丹　劉萌然　　審稿：時萍

序：Anthony Okely　陳保琼

耀中出版社
Yew Chung Publishing House

運動環境評量表（MOVERS）

作者	Carol Archer　　Iram Siraj
譯者	張丹丹　　劉萌然
審稿	時萍
審校	區凱孃　　羅少容
責任編輯	苗淑敏
平面設計及排版	方子聰
出版	耀中出版社
地址	香港九龍新蒲崗大有街一號勤達中心 16 樓
	16/F, Midas Plaza, No. 1 Tai Yau Street, San Po Kong, Kowloon, Hong Kong
電話	852-39239711
傳真	852-26351607
網址	www.llce.com.hk
電郵	contact@llce.com.hk
承印	香港志忠彩印有限公司
書號	978-988-78352-9-5
初版	2019 年 5 月
版權所有	未經本出版社書面批准，不得將本書的任何部份，以任何方式翻印或轉載。

©Carol Archer and Iram Siraj 2017

Acknowledgement：

This translation of ***Movement Environment Rating Scale (MOVERS) for 2 - 6-year-olds provision*** is published by arrangement with UCL Institute of Education Press, University College London: www.ucl-ioe-press.com

聲明：

《運動環境評量表》(MOVERS) 中文譯本按照與倫敦大學學院教育學院出版社的協議出版：www.ucl-ioe-press.com

作者簡介

Carol Archer 是倫敦肯登區（Borough of Camden）的一位顧問教師，亦是英國和海外地區運動–遊戲項目（Movement-Play）的從業者/顧問。她幫助兒童中心（Children's Centres）、自願及私立幼兒機構的教師實施運動–遊戲項目，並且為從事幼兒早期教育及照顧、小學低齡教育階段的教師提供集中培訓和在職培訓。為了評估質量，Carol 在多個機構實施了早期以及現在版本的運動環境評量表（MOVERS）。

Iram Siraj 是倫敦大學學院教育學院（UCL Institute of Education）的教授，同時是澳大利亞伍倫貢大學（University of Wollongong）的研究教授。她合作主導了「學前、小學和中學教育的有效性」（EPPSE）的縱向研究，以及極具影響力的「早期教育研究的有效教學法」（REPEY）的研究，第一次提出了「持續共享思維」（Sustained Shared Thinking，簡稱 SST）的概念。她也是《幼兒學習環境評量表——課程增訂本》（ECERS-E）（2010年）和《持續共享思維和情緒健康（SSTEW）評量表》（2015年）的作者之一。這兩份評量表針對質量進行評估，以幫助兒童的認知和社交情緒發展。同時，她在質量、教學法以及課程方面發表了大量文章。

致謝

在英國及海外許多經驗豐富、知識淵博的從業者及學者的反饋和支持下，運動環境評量表（MOVERS）已經發展成為非常有價值的資源。我們很難在此羅列所有參與者和貢獻者的名字，但要特別感謝「每一個陶爾哈姆萊茨兒童行動」（Every Tower Hamlets Child a Mover，簡稱 ETCaM。譯者注：這是一個針對兒童中心、學校和機構教師的課程，旨在促進兒童身體發展）的成員，他們提出的建設性意見對此量表中某些項目內容的形成有重要意義。ETCaM 以及卡姆登早期教育（Camden Early Years）的從業者在實施此量表的某些項目後也給予了反饋意見。從業者在許多保教機構完整地使用了 MOVERS，在此我們尤其要感謝科拉姆菲爾茨幼兒園（Coram Fields Nursery）的負責人 Carole Perry 以及約翰卡斯爵士兒童中心（Sir John Cass children's Center）的教師，他們為 MOVERS 的完善付出了時間並給出了意見。

我們非常感謝在美國神經系統重塑領域工作的 Bette Lamont，她在早期兒童發展領域的專業知識及其寶貴建議，給我們許多啓發和幫助。我們同樣感謝 Jasmine Pasch 有關兒童運動有趣方式的見解，為 MOVERS 提供了具有創意的回應，也帶來了具有啟發性的討論。除此之外，我們還非常感謝布萊頓大學（University of Brighton）高級講師、倫敦大學學院教育學院（UCL Institute of Education）高級研究員 Denise Kingston，她給予我們全面的建議、支持以及不斷的鼓勵。

在所有為 MOVERS 的形成和完善做出貢獻的人中，還要特別感謝我們的同事 Anthony Okely 教授、Kalina Kazmierska-Kowalewska 和來自伍倫貢大學（University of Wollongong）的 Rachel Jones 博士，感謝他們提供的專業知識和指導，以及他們對此評量表的興趣和寶貴的建議。我們也要感謝所有相關的幼兒保教機構、為評量表提供照片的兒童及其父母們，包括北倫敦森林學校（North London Forest School）多爾芬蒙台梭利學校（Dolphin Montessori School）、阿加兒童中心（Agar Children's Centre）、櫻草山小學（Primrose Hill Primary School）和克林漢姆花園幼兒園（Collingham Gardens Nursery）。

目錄

作者簡介	5
致謝	5
Anthony Okely 教授序	7
陳保琼博士序	8
運動環境評量表（MOVERS）簡介	9
研發運動環境評量表（MOVERS）的理論依據	10

有助理解身體發展及運動的支持性材料 ... 13
- 與兒童一起使用與運動相關的語言 ... 13
- 兒童需要體能活動 ... 13
- 一些早期運動模式對出生到 6/7 歲兒童發展的益處 ... 17
- 為兒童提供健康的營養 ... 18
- 睡眠 ... 19

使用運動環境評量表（MOVERS）中拍攝的照片 ... 20

使用運動環境評量表（MOVERS）前的準備 ... 24
- 使用前的重要指引 ... 24
- 作出判斷 ... 25
  - 就潛在的積極行為、回應以及互動作出判斷 ... 25
  - 就潛在的消極行為、回應以及互動作出判斷 ... 25
- 觀察指引 ... 26
- 運動環境評量表（MOVERS）的評分標準 ... 27
  - 運動環境評量表（MOVERS）評分表、概覽以及聯合觀察表 ... 28

運動環境評量表（MOVERS）的內容 ... 29
子量表 1：有關身體發展的課程、環境和資源 ... 30
- 項目 1：設置環境和空間，促進體能活動 ... 30
- 項目 2：提供資源，包括可移動和/或固定器材 ... 32
- 項目 3：大肌肉活動技能 ... 35
- 項目 4：通過體能活動促進小肌肉活動技能 ... 36

子量表 2：有關身體發展的教學法 ... 38
- 項目 5：教師參與兒童的室內外運動 ... 38
- 項目 6：觀察和評估兒童在室內外的身體發展 ... 40
- 項目 7：制定室內外身體發展計劃 ... 42

子量表 3：支持體能活動和批判性思維 ... 44
- 項目 8：支持和拓展兒童的運動詞彙 ... 44
- 項目 9：通過體能活動，鼓勵在溝通和互動中持續共享思維 ... 46
- 項目 10：支持兒童在室內外的好奇心和解決問題的能力 ... 48

子量表 4：家長/照顧者和教師 ... 50
- 項目 11：教師告訴家長有關兒童身體發展的信息，以及它對學習、發展和健康的益處 ... 50

運動環境評量表（MOVERS）評分表 ... 52
觀察到的室內外區域粗略圖 ... 53
評分表 ... 54
運動環境評量表（MOVERS）的聯合觀察/評分者之間的信度 ... 58
運動環境評量表（MOVERS）概覽 ... 59
參考文獻 ... 60

使用前閱讀

Anthony Okely 教授序

作為一位從事早期兒童體能活動和動作發展領域的研究者，我用了若干年時間搜尋能夠評估幼兒保教機構環境質量的工具。此工具不僅要關注物質環境，同時也要包含重要的、與教學相關的內容，並能評估教師在拓展兒童有關身體發展領域學習的支持程度。如今，我十分欣喜，因為我認為這樣的工具出現了。

眾所周知，有質量的幼兒保教機構，其環境對兒童最大程度的發展起着重要作用。其作用會在兒童日後的生活中保留下來，並且惠及他們未來的學業發展。

然而，當前大家更關注的是使用這些環境評量表的範疇，如「學校的準備度」——也就是語言、認知、社交和情緒發展等。一個重要但常被忽視的範疇，是幼兒保教機構的質素、關愛的環境和成人對身體發展的教學方法。這是重要的，因為身體發展是出生到 6 歲兒童發展的三個重要的、互相關聯的發展領域之一。

為了彌補這一不足之處，Carol Archer 和 Iram Siraj 制定了《運動環境評量表》（MOVERS）。此評量表評估幼兒保教機構中兒童運動經驗及運動環境的質量。其優點之一是，MOVERS 採用了與其他幾個主要環境評量表相似的評分系統，例如《幼兒學習環境評量表》（ECERS），《嬰兒學習環境評量表》（ITERS）以及《持續共享思維和情緒健康（SSTEW）評量表》，從而使熟悉這一系列評量表的專業人員接受 MOVERS 的培訓變得容易。

此評量表的獨特在於它不僅能評估環境的質量，還能識別教師專業發展的需要。因此，它可與一個健全的專業發展方案相結合，用於推動變革並促進實踐的發展，作者已經制定出這樣的方案以結合評量表一起使用。

大多數專業人士認為，認知、社交和情緒及身體這三個發展領域——是非常重要的，而且它們之間互相滲透、互相聯繫。然而，迄今為止，尚沒有類似的早期兒童保教環境與教學評量表可以評估兒童身體和運動環境的質量。MOVERS 可以為幼兒教師提供重要的有關身體發展的知識，以及如何運用這些知識促進其他領域的發展。在兒童肥胖率高、看屏幕時間長、缺乏運動以及父母關注兒童健康和發展問題的現狀下，此評量表的出現非常及時。

MOVERS 由此行業內的領袖人物 Iram Siraj 教授設計制定。她被公認為是早期教育及教學領域最重要的專家之一。她同時與人合作制定了社交和情緒發展領域的評量表（SSTEW）以及支持兒童學業成果和多樣性發展的評量表《幼兒學習環境評量表——課程增訂本》（ECERS-E）。Carol Archer 在幼教機構的運動–遊戲領域工作十餘年，是一位傑出的從業者/顧問。她在創設高質量運動和遊戲環境方面有豐富的經驗和知識。

有興趣對運動環境質量進行全面評估，以促進兒童身體和動作發展的研究者和從業者會發現，MOVERS 是十分有幫助的。我希望在 MOVERS 投入使用後，將會有更多高質量的教育機構，讓兒童進入小學前能認識自己的身體能力，得到更高水平的運動技能，增強自信，並能在以後的生活中享受運動帶來的樂趣。

Anthony Okely 教授
澳大利亞伍倫貢大學（University of Wollongong）
社會科學學院早期發展方向身體發展領域

陳保琼博士序

如何將幼兒學習與發展的教育理論落實到教育實踐中？如何檢視我們的教育實踐是否沿着有利於幼兒學習與發展的方向進行？對於教育工作者來講，在充滿熱情行動的同時，持續反思自身的教育行為，是不斷提高教育質量、促進專業發展的必然要求。《運動環境評量表（MOVERS）》（以下簡稱MOVERS）有助於實現這一要求，它就是一個能將質量要求轉化成可觀察量度的有效的評估工具。

運動是兒童發展不可缺少的一項極其重要的內容，它與大腦、認知、情緒發展有着密不可分的關係。運動是兒童的第一種語言（Goddard Blythe，2005年），當兒童積極參與體能活動時，他們會逐漸認識自己的身體及能力，會判斷如何與他人進行交往，如何在遊戲中運用各種社交規則，如何處理在遊戲過程中產生的情緒變化，如何通過語言規範情緒、行為和思維。在兒童的世界中，體能活動帶來的愉悅，能夠讓他們擁有生活中最美好的時光（Pasch，2016年）。那麼，對於幼兒而言，怎樣運動才是有益的？MOVERS能夠幫助幼兒教師重新認識運動對幼兒的意義，幫助他們不斷改善幼兒的運動環境及教學策略，同時提供相關的理論依據，讓他們知道做甚麼、如何做、為甚麼要這樣做。

MOVERS的產生，是建立在一系列相關研究基礎之上的，例如「學前教育的有效性」（Effective Provision of Pre-school Education）研究。該研究指出，在增進兒童學習、發展以及促進兒童學業成果的時候，其他方面的綜合發展和實踐也同樣重要（Siraj-Blatchford等人，2002年；Siraj-Blatchford，2009年）。因此，MOVERS的重要性是在重視兒童身體發展與運動的同時，也重視增進兒童的健康、快樂、學習與發展。除此之外，MOVERS與《幼兒學習環境評量表——課程增訂本》（ECERS-E）、《持續共享思維和情緒健康（SSTEW）評量表》三份評量表，分別從身體發展、認知發展、社交和情緒發展三個領域評估幼兒教育質量，它們之間相互關聯，形成一個全面的、針對兒童學習發展的評量方式及系統。

我近五十年來的教育理念與實踐，可以概括為「環境」、「互動」、「演化」三個範疇。所謂近朱者赤，近墨者黑，環境對人的影響非常深遠，環境包括物質環境和文化環境。如何將這些環境要素有目的、有意識地創設出來，讓學生深受其益，我和機構同仁一直在努力和實踐，目前卓有成效。互動與環境密不可分，把環境的不同方面整合起來，並且與我們的教育教學相結合，就可以使學習更有活力和互動性。這種互動包括人與人的互動，不同文化的互動，個體與社會的互動。在環境和互動的基礎上，需要因應內外的各種挑戰，將我們已有的成果不斷內化、深化以至演化。這種演化的結果，就是讓我們的學生成為能夠承擔社會責任、願意為地球和人類作出貢獻的人。

MOVERS關注身體發展的課程、環境和資源，關注身體發展的教學法，強調運動能力不是孤立的，它與認知、社交和情緒發展相關，與家校互動、師生互動相關。這種體現在MOVERS中整體、互動的教育觀，讓我看到它對環境、互動的高度重視，我期待MOVERS為我們的幼兒教育實踐提供積極、有效的幫助。

陳保琼博士
耀中教育機構主席兼校監
耀中幼教學院校董會主席

運動環境評量表 (MOVERS) 簡介

運動環境評量表（MOVERS）是一個可適用於研究、自我評估和改進、審計以及管理的評估量表（ERS）。它有一套與一系列最早在美國開發的環境評估量表相似的評分架構；例如《幼兒學習環境評量表——修訂版》（ECERS-R)(Harm 等人，2004 年）以及《嬰兒學習環境評量表——修訂版》(ITERS-R)(Harm 等人，2003 年）。MOVERS 同時也與《幼兒學習環境評量表——課程增訂本》（ECERS-E）（Sylva 等人，2010 年）有緊密聯繫。Siraj 等人制定了《持續共享思維及情緒健康 (SSTEW) 評量表》(2015 年）, 此評量表的格式與上文提到的一系列環境評量表相似。因此，隨着環境評估量表的數量不斷增加，接受過相關評量表培訓的人員應該會發現，MOVERS 因框架模式與早先的環境評估量表相似而在使用時相對簡單；然而，在內容方面，使用者需要接受授權培訓師的專業培訓。

一直以來，為支持出生至 6 歲兒童保教機構的實踐而制定出來的環境評估量表，均遵循當時被廣泛認可的發展適宜性實踐（DAP）的理念。近年來，隨着研究結果的不斷推動以及對有效實踐相關認知的提高，這些評估量表也不斷作出調整和拓展。例如 ECERS-E 是對 ECERS-R 的拓展和延伸，其中包括進一步支持學業成就重要性的想法。它覆蓋課程的不同領域——讀寫、數學、科學與環境，同時包含一個針對多元性的子量表，以確保幼兒教師將個別兒童以及群體兒童的需求納入計劃，並且對兒童的文化背景差異保持專業敏感。在過去，ECERS-R 和 ECERS-E 共同為身體、社交、情緒的環境提供可通過觀察進行衡量的方法；同時，針對為支持生成性認知而設計的教學及課程實踐（Burchinal 等人，2008 年）；Howes 等人，2008 年；Mashburn 等人，2010 年），這些量表可作為評估工具。

多年來，國內外的很多研究顯示，一系列的環境評量表信度及效度高，更重要的是，它們涉及到兒童的社交和情緒發展以及認知發展（Burchinal 等人，2002 年；Phillipsen 等人，1997 年；Sylva 等人，2004 年）。較新的、關於有效環境的研究，例如「學前教育的有效性」（Effective Provision of Pre-school Education，簡稱 EPPE) 指出，在增進兒童學習、發展以及促進兒童學業成果的時候，其他方面的綜合發展和實踐也同樣重要（Siraj-Blatchford 等人，2002 年；Siraj-Blatchford，2009 年）。因此，SSTEW 評量表考慮了如何支持 2 至 5 歲兒童發展持續共享思維、情緒健康、與他人建立穩固關係、進行有效溝通及自我規範；MOVERS 的重要性在於重視兒童的身體發展、運動，增進兒童的健康、快樂、學習與發展。MOVERS 至今已被包括其作者在內的許多從業者試用過，並且正在被澳大利亞伍倫貢大學（University of Wollongong）早期開端研究學院（Early Start Research Institute）進一步驗證其效度及信度。更多關於預測效度的信息將會在此評量表的第二版發表。

我們建議將 MOVERS 與我們的書《通過運動–遊戲促進身體發展》（*Encourage Physical Development through Movement-Play*，Archer 和 Siraj，2015a）一起使用，此書為兒童運動及身體發展提供了更深層的理論和實踐知識，當中附有照片闡述成人與兒童進行體能活動的情境。另外，MOVERS 是專為 2 至 6 歲幼兒設計的。

研發運動環境評量表（MOVERS）的理論依據

運動環境評量表（MOVERS）的形成始於2009年，那時此表由三部份組成，被稱為「運動-遊戲量表（MPS）」，是為了一項行動研究而設計的。2011年，MPS的三項內容被運用在倫敦市內行政區一個幼兒教育機構的一項小規模研究中。此研究針對「運動-遊戲」的一個專業發展項目，探究其是否對兒童運動經驗和運動環境有改善作用（Archer和Siraj，2015b）。在做這項研究的時候，我們發現未有相關評估兒童運動經驗、教學法及環境質量的其他評估方式，因此，我們開始發展「運動-遊戲量表（MPS）」。

此後，我們將「運動-遊戲量表」發展成為新的運動環境評估量表（MOVERS）。現在它有四個子量表：有關身體發展的課程、環境和資源；有關身體發展的教學法；支持體能活動和批判性思維；以及家長／照顧者和教師。四個子量表涵蓋了11個獨立進行評量的項目，其內容請看目錄。

早期環境評量表（ERS），如《幼兒學習環境評量表——課程增訂本》（ECERS-E）為幼兒教育機構提供評估教學及課程實踐的工具，這些實踐方式是為支持兒童認知和智力發展而設計的。ECERS-E尤其關注兒童的認知發展以及學業能力。此評量表被用於一項非常有影響力的、名為「學前教育的有效性（EPPE）」的縱向研究中，它強調了有效的幼兒教育機構在課程與教學方面的特性（Sylva等人，2004年）。通過運用這些量表，人們進一步意識到早期兒童教育對兒童社交和情緒以及認知發展的影響。

繼上述評量表的研發和使用後，《持續共享思維及情緒健康評量表》（Sustained Shared Thinking and Emotional Well-being Scale）（Siraj等人，2015年）指出，高質量的教學實踐與兒童在持續共享思維（SST）、情緒健康、發展穩固關係、有效溝通以及自我規範方面的成就相關。MOVERS側重於身體發展的學習領域並補充了ECERS-E、SSTEW評量表，分別從社交和情緒發展、認知發展、身體發展三個領域評估幼兒教育的質量。同時，這三份評量表為幼兒早期教育（ECEC）提供兒童學習的全面性評估。相關研究指出，它們是相互關聯的（Bowman等人，2000年）。

身體發展在許多國家（例如澳大利亞、加拿大、美國以及英國）都是課程中的關鍵部份。同時，身體發展也是大多數國際課程指引文件和課程框架中的重要部份。以下幾個術語常被用來描述兒童的身體發展，例如「運動」、「體能活動」以及「身體遊戲」。

在此前發表的相關文獻（Archer和Siraj，2015a和2015b）以及MOVERS中，我們選用了「運動-遊戲」這個詞，因為它比「身體發展」有更多的含義。同時，「運動-遊戲」並沒有忽略「身體發展」所表達的意義。運動（Movement）一詞意味著兒童進行一系列重要的，將身體和大腦聯繫起來的動作模式，例如腹部著地爬、用手和膝支撐爬、翻滾、跑、搖搖晃晃地行走、跳、平衡、旋轉、搖擺、推、拉、（用腿部力量支撐）倒掛等等。兒童的學習是基於健康的身體，尤其在生命的前六年或前八年。在此時期，大腦的發展依賴體能活動不斷對神經系統進行的刺激（Lamont，2001年）。

我們對身體發展的定義是兒童認識自己的身體、知道自己的能力，以及成為有能力的運動者。兒童因此能夠探索周圍的

環境、作出增進自信和創造力的決定並成為終身的運動者，這包括大肌肉和小肌肉活動技能的發展。另一方面，「體能活動」（Physical activity）指的是兒童運用整個身體的運動。

從腦部發展及兒童健康和快樂的角度看，人們越來越意識到兒童體能活動的重要性。這些並不是新的觀點。但近年，因為人們對 5 歲以下兒童肥胖、看屏幕時間長及久坐的生活狀態問題不斷重視，政策制定者們對兒童健康、學習、情緒、身體發展方面的重要性的認知也隨之提高。

另外，在神經障礙以及重塑領域的工作者和學者（Goddard Blythe，2005 年；Lamont，2001 年），越來越關注兒童是否為入學做好了身體上的準備，包括身體的平衡能力、姿勢及協調能力，從而為學習打下牢固的基礎，確保兒童備有進入傳統 / 形式化的學習環境的能力，例如：在一定時間內保持坐姿、專注、手眼協調的書寫能力、閱讀的視覺追蹤能力，以及小肌肉的控制能力（Goddard Blythe，2005 年）。

在過去的十年間，英國某些地區（倫敦卡姆登區早期服務；倫敦的陶爾哈姆萊茨區；牛津郡；萊斯特郡）當局從事幼兒保教（ECEC）的人員在瞭解運動的重要性後，將其實施於他們的後期實踐中。Archer 和 Siraj（2015a；2015b）在她們的研究中指出，在運動−遊戲中有專業發展的介入，對增加教師多參與兒童運動、拓展兒童運動多樣性和促進語言發展有重要的影響。這項發現闡釋了一個現象：經過相關專業發展培訓的教師採用了更多的維果斯基（Vygotsky）的理論，積極參與兒童主導的體能活動，更有互動性，因而更有效地支持兒童在最近發展區內的學習（Archer 和 Siraj，2015b）。如果我們期望兒童健康，並讓他們獲得所有發揮潛能的機會，那麼便不能忽視運動及身體發展的重要性。同時，MOVERS 能夠幫助幼兒保教（ECEC）機構的教師不斷改善兒童的運動環境及教學策略。

MOVERS 涵蓋了所有與兒童身體發展相關的領域，包括環境、大肌肉活動技能、小肌肉活動技能，成人的參與、與其他學習領域的融合──包括認知、社交和情緒、觀察及計劃、詞彙、持續共享思維、好奇心及解決問題的能力──以及家長 / 照顧者的參與。童年的生活對兒童的學習和發展尤為重要，他們的學習成績與保教機構的質量息息相關。「學前教育的有效性」（EPPE）（Sylva 等人，2004 年）研究發現，兒童的社交、語言和認知的發展能力，與幼兒保教機構的質量有顯著關連。MOVERS 在提高幼兒保教機構質量方面有重要貢獻，也因此影響了兒童在不同領域的發展。

為了有效地參與兒童的體能活動，教師必須瞭解兒童現有的發展水平和能力、與社交和情緒相關的行為，及他們對體能活動和學習的反應。教師要敏感留意每一個兒童在何時需要安靜自處，何時需要介入，以拓展他 / 她運動能力的發展。

上述狀態的實現需要教師專業敏銳的觀察──認識到甚麼時候兒童需要獨自嘗試新事物，甚麼時候需要與同伴一起合作或甚麼時候需要教師的支持。家長與教師的協作交流對兒童未來的健康、快樂和發展有重要意義。

早期兒童發展的五個領域與 MOVERS 的關係：

1. **身體發展：** 兩項指標與此領域相關：項目 3（大肌肉活動技能）以及項目 4（通過體能活動促進小肌肉活動技能）。

2. **溝通和語言：** 兩項指標與此領域發展相關：項目 8（支持和拓展兒童的運動詞彙）以及項目 9（通過體能活動，鼓勵在溝通和互動中持續共享思維）

3. **自我規範**：與此領域相關的指標：項目 3、4、5（教師參與兒童的室內外運動）。

4. **認知發展**：涉及到項目 3、4、8、9、10（支持兒童在室內外的好奇心和解決問題的能力）

5. **社交和情緒發展**：項目 3、4、8、9

兒童學習的準備度（readiness）與體能活動相關，這十分重要，但不一定與實際年齡吻合。在兒童發展中，年齡應該被視為次要考慮的因素。所有兒童都是獨特的，其個體差異源於各自的文化背景、信仰以及家庭和生活環境所給予的期望。然而，不管哪個年齡階段的兒童，都曾經歷過早期運動發展的模式，例如腹部着地爬行、用手和膝支撐爬行，滾動，因為這些是其他大肌肉活動例如平衡、走、跑的基礎。幼兒保教機構的空間、環境和資源應該支持兒童的運動，這會影響他們「打開的心靈和複雜的大腦」（Lamont，2001 年）。童年所經歷的家庭學習環境（HLE）對兒童的發展產生深遠影響，在此評量表中，多項指標都反映出家庭學習環境的重要性（Melhuish 等人 2008 年）。

有助理解身體發展及運動的支持性材料

與兒童一起使用與運動相關的語言

Maude（2008:251）指出，兒童通過早期運動的經驗不斷增強「運動質素」，包括與運動相關的能力和知識。她認為成年人應該用準確、合適的詞彙與兒童溝通，並通過運動的動作拓展兒童的語言。這些詞彙包括轉圈、蹲下、滑步走、（像鳥一樣）盤旋、跳躍、放鬆、伸展、倒下、推、拉、轉彎、拍動、搖擺和滾動（Maude，2010:1）。Maude 認為「通過運動進行的語言習得過程不能被忽視」，兒童需要體驗多種多樣、有意義的運動詞彙以發展其與身體相關的認知能力。為做到這些，他們需要一個相關的、有效的課程——培養技巧、表達能力、有創意的運動，教師在此過程中扮演着重要角色。

與運動相關的肢體語言的學習包括：名詞，例如身體各部位的名稱；動詞，例如兒童躺下、坐在椅子上、站立（或用手指）指出；副詞，例如慢慢地和快快地；介詞，例如在……上面、下面、後面、前面、上方、下方。體能文化的發展，可通過詮釋不同情境，用描述性詞語、方位詞、動作詞將動作轉換成口語，兒童得以感受和應用相關語言（Archer 和 Siraj，2015a:3）。當兒童進行體能活動的時候，通常伴隨着一些聲音的出現，例如從滑梯上滑下發出「呼」的聲音，盪鞦韆時發出的「嗾吼」聲，以及玩跳彈床時發出的「嘣嘣」聲。這些具有表現力的詞彙通常是發自內心並熱情洋溢的，它們是伴隨着兒童進行體能活動時自然而然發生的。

學步兒對自己的身體非常感興趣，並且喜歡談論身體的不同部位，比如手、手指、手臂、手肘、腿、膝蓋、踝關節、腳趾、臉、軀幹等等。他們也喜歡探索自己身體所能及的動作——能跳多高、能否一直滾到地墊的另一端、能否像一隻睡着的兔子一樣躺着然後再次跳起，他們也會用舞蹈表達自己（Archer 和 Siraj，2015a: 46）。

當 3 至 6 歲的兒童設計、創設以及使用一個障礙賽場地時，他們會做許多事情，包括計劃、實驗、解決問題、使用許多運動語言——包括動詞和介詞，例如「*登上*梯子，*爬過*一個隧道、*滑下*滑梯、*鑽爬過*平板、*從*墊子一頭*滾到*另一頭，*在*旋轉錐盤裏*旋轉*，*在*架子上*倒掛*」（Archer 和 Siraj，2015a:59-60）。他們還需要決定運動器材擺放的位置，就如把隧道放「在架子*頂上*還是梯子和滑梯*之間*，要不要把地墊擺在滑梯*旁邊*和旋轉錐盤的*前面*，以及攀爬架應該放在跑道*起點*還是*終點*」（同上）。

兒童需要體能活動

兒童從小就發展着他們的運動傾向——我們不需要教嬰兒如何運動，只要給予空間、時間和適宜的環境，嬰兒便會努力運動並學習如何翻身、用腹部着地爬行、坐起，最後用手和膝撐地爬並在合適的時候站起行走。幼兒保教機構的教師應為兒童提供能夠鼓勵其運動並積極參與的環境和機會。至少有一部份兒童因空間所限，其生活缺少足夠的開放空間及自然環境，因此，如果能給兒童提供充足的空間進行跑、跳、爬等運動，讓他們的身體充分進行所需的運動以成長為健康快樂的人，將是一份禮物。對於幼兒教育工作者來說，用積極的態度對待兒童的身體遊戲是十分重要的。

兒童的學習始於對自己身體的瞭解,並且掌握如何將經驗轉化為信息,用於規範思維、情緒和行為(Blair and Diamond,2008年)。他們需要有足夠的時間進行體能活動和遊戲,因為運動是兒童的第一種語言(Goddard Blythe,2005年)。當兒童積極參與體能活動時,他們逐漸認識自己的身體以及能力,判斷如何與他人進行社交,如何在遊戲中運用各種社交規則,如何處理在遊戲過程中產生的情緒變化,以及如何通過語言自我規範情緒、行為和思維。在兒童的世界裏,好玩的體能活動讓他們擁有生活中最美好的時光(Pasch,2016年)。

舉一個例子,一群孩子在室外玩耍,他們為「捉迷藏」制定了遊戲規則,在開始尋找小夥伴前,先要數到20。就這樣,他們玩了幾個小時,找到小夥伴時開心大笑。同時,他們也會籍討論有否遵守或破壞規則來擴展運用語言和辯論的技巧。他們精力充沛、積極參與,玩得氣喘吁吁。他們的遊戲包括商討規則、設定範圍(例如搜尋同伴的界限),尋找可以躲藏的地方,如沒有按計劃進行則參與討論並理解爭端的原因。從嬰兒時期起,兒童就開始對類似「躲貓貓」(peekaboo)的遊戲感興趣,因為他們逐漸意識到即使看不到,身邊的人也是一直存在的。換句話說,傳統遊戲中蘊涵着許多供幼兒學習的機會。當他們學習解決問題的時候,進入一個需要溝通、充滿感覺和情感的世界;當他們尋找最佳躲藏地點時,他們運用了想像力;當他們鑽進小的空間躲藏時,鍛煉了平衡、靈活和協調能力;他們與同伴遊戲時,發展社交技能,學習處理衝突的方法,學會輪流並確定如何在團隊中有效地工作。

對兒童來說,體能活動十分重要,因為它有助兒童身心健康、增進耐力與肌肉發展,同時讓兒童在遊戲和學習時感覺良好。

你所在的早期教育機構裏,運動和體能活動看上去是甚麼樣的呢?孩子們的玩具小賽車和雪橇,是自己製作的還是統一購買的?他們可以在室外奔跑、遊戲、即興表演,並能按自己的創意自由運用場地嗎?據英國教育標準局(Ofsted)的督導員在一個兒童中心的觀察,兒童在室外的水池裏玩水,剛開始的時候,他們用不同的器皿運水,後來,孩子們脫掉鞋襪,雙腳交替抬離水面,享受水從腳趾尖滴落的感覺(Barker,,2016年)。旁邊的教師給孩子們提出各種與安全相關的指示,比如不要踩到水龍頭以免弄傷自己。教師觀察並評估危險和安全的程度,孩子們意識到自己在進行一些冒險的嘗試,同時他們也在分析自己的行為有多冒險。教師會阻止兒童的魯莽行為,但也放手讓他們嘗試,貼近他們,近距離給予提示(同上)。

兒童以多種不同方式進行體能活動,經驗越多,他們就會變得越自信。幼兒保教機構的任務就是為兒童提供合適的環境,讓他們能夠利用資源和器材創造出自己的遊戲和運動方式。訓練有素、經驗豐富的教師有足夠的信心讓精力充沛的兒童在室外赤足奔跑、倒掛、從高處跳落、把鞦韆盪得很高以及不斷地旋轉直到摔倒。同時,有經驗的教師知道何時要讓兒童安靜下來,這對兒童的安全和健康必不可少,是他們運動經歷中的重要部份(Archer 和 Siraj,2015a:51)。學齡前以及小學的兒童應該有一個空間體會安靜和靜止的狀態,例如在一個大箱子裏休息一下、趴在抗力球上被成年人前後搖動,或是和同伴一起坐在小帳篷內、坑裏、吊床和樹枝上。這樣的環境會影響他們的情緒,讓他們產生與周圍事物相聯繫的感覺(Archer 和 Siraj,2015a)。室內環境應包括一個為兒童精心設計的、可以讓他們運動的空間。同時,此空間應提供材料以鼓勵兒童腹部着地爬行、用四肢爬行、滾動、旋轉以及用不同的方式運動或舞蹈。如此,兒童就會成為在室內外都更加自信、有能力、有競爭力的運動者。

幼兒保教工作者應參與兒童的身體遊戲，知道何時介入或退出，知道在兒童發生分歧和麻煩時適當介入。兒童通過教師的回應理解何種行為是合適或不可接受的，用何種行為對待他人是可以或不可以的。在遊戲中，兒童學會良好的社交技能，增強適應能力，學習應對生活中的各種起伏（Barker，2016年）。隨着早期教育工作者自身在兒童體能活動、遊戲方面的知識和技能的發展，他們開始有信心促進兒童的積極行為，同時引導兒童良好的社交技能，允許兒童做他們需要做的事，允許他們冒險。一個強大的教師團隊會為所有兒童負責，無論是在室內還是室外；他們讓兒童自由、充滿好奇心地去探索，讓兒童知道老師會隨時幫助他們，以便他們有足夠的安全感去探索和解決問題（同上）。

體能活動是促進兒童健康和全面發展的基本手段（WHO，2012年）。然而，對於許多兒童來說，運動正被更多的久坐行為所取代，這些行為和飲食模式的變化一起，對他們的健康生巨大的影響。據報道，全世界越來越多的兒童肥胖或體重超標，並伴隨着不良的健康後果（WHO，2013年）。為了應對這個嚴重的兒童健康問題，世界衛生組織（WHO）提出了減少久坐行為以及增加體能活動的建議。隨着對體能活動及健康科學認識的不斷深入，同時借鑒澳大利亞早期教育指引及相關專家的研究成果，英國四個首席衛生官員（DH，2011年）為嬰兒及學齡前兒童制定了相關的健康指南，這是他們的報告中第一次提及五歲以下的兒童。他們建議體能活動應從一出生就開始，從玩地板遊戲、玩水活動的嬰幼兒，到能獨立行走的學齡前兒童，都要定期參加體能活動。一天內，兒童需要有不少於三小時的體能活動（同上：20）。世界衛生組織（2010年）還針對5至17歲孩子的健康提出了全球性的建議：每天進行中度至劇烈程度的體能活動時間應不少於60分鐘。

越來越多兒童長時間使用科技產品，包括看影音光碟和電視，玩視頻遊戲，使用iPad、電腦以及智能手機，所有這些都導致了長時間的不運動狀態。兒童在夜晚使用這些設備所接收到的刺激使他們興奮、難以入睡。我們不反對兒童接觸屏幕，但如果要求兒童每天有充足的睡眠時間，就需要儘量減少與屏幕相關的活動時間。這些活動會影響兒童運作的能力、情緒及對體能活動的投入程度。如今，虛擬對話及娛樂已在迅速取代兒童世界中的身體遊戲及真實存在的關係。如果任其發展，讓虛擬取代現實，「我們會面臨着這樣的風險：養育出一代無法識別並適應他人需求的人」（Goddard Blythe，2011年）。

體能活動對兒童有許多健康的益處，例如強壯肌肉和骨骼，健康體態，改善睡眠質量和維持體重健康（DH，2011年）。因此，其目的是改善兒童的營養、通過減少接觸屏幕時間和久坐行為，提升身體、認知活動的水平及睡眠質量。

神經學家（Panksepp，2010年）認為，如今的兒童沒有足夠時間玩耍來滿足他們大腦發展的需要。他指出，成人常把身體遊戲和不好的行為聯繫起來，有時會錯誤地給兒童貼上多動症的標籤，甚至用藥物減少兒童對此類遊戲的意願。玩耍對兒童腦部有好處，兒童必須在安全的環境中玩耍並開發他們自己的遊戲。他提議兒童每天應該有幾個小時的嬉戲打鬧時間。在這個過程中，他們學習閱讀他人的面部表情，掌握何種行為是能夠接受或不能接受的，並瞭解如何解決衝突。這些身體遊戲十分有趣，重要的是兒童可以體驗到樂趣和歡笑，有助兒童與他人建立聯繫、理解規則、發展語言，理解觸覺的感覺系統在促進和維繫社交遊戲中的作用（Panksepp，1998年）。

從現實狀況來看，兒童沒有表現出他們童年應有的活躍，這影響了他們身體準備上學的能力。久坐不動行為導致兒童在

平衡、姿勢和協調方面遇到問題（Goddard Blythe，2005年）。這些能力是兒童在入學前就應做好的準備。這樣，當他們開始正式學習時，便能夠安靜坐好、專注、在寫字時手眼協調，以及在閱讀時控制眼睛活動。我們的一個小規模研究（Archer和Siraj，2015b）發現，教師對身體發展及可能涉及到的活動缺乏認識和理解。因此，通過運動和體能活動促進身體發展方面的培訓，對所有幼兒保教工作者來說非常重要。

兩歲的兒童對遊戲發展出強烈的興趣，在6歲以前，如果有足夠的機會進行身體遊戲，兒童就會發展出足夠的大腦皮層抑制能力，能夠在教室裏安靜地坐着（Panksepp，2010年）。這些兒童行為變化的後果在教室中體現得十分明顯，看得出不是所有的兒童在神經運動發展方面為上學做好了準備。研究結果不斷地告訴我們，兒童早期的運動與其學習和發展之間有關聯（Goddard Blythe，2005年；Hannaford，1995年；Jensen，2005年；Lamont，2001年；Macintyre及McVitty，2004年）。神經科學家們向我們展示了運動對負責學習、記憶和認知的腦部區域的益處（O'Callaghan等人，2007年；Van Praag，2009年）。兒童的每一次運動、思考、互動、說話、走路、學習、感知及記憶，都會刺激腦部內的神經聯繫（Archer和Siraj，2015a）。發展運動治療師Lamont（2001年）在其研究中發現，當兒童重複某個特定的動作模式，如腹部着地爬和手膝撐地爬時，他們的視覺動作技能、閱讀時的目光追隨能力、平衡力以及自我規範能力得到提升。當兒童參與針對反射和早期運動模式的定期鍛煉項目時，讀寫能力得到提升（Goddard Blythe，2005年）。為了使兒童盡可能地發展自身潛力，幼兒保教工作者可實施一項簡單、經濟的方案，以確保所有兒童都有機會參與運動和體能活動。這需要從業者在幼兒保教機構和小學創設最合適的環境，以支持兒童逐漸形成的心智以及複雜的腦部發展（Lamont，2001年）。

在澳大利亞、加拿大、美國以及英國，衛生官員的普遍共識是：「生命的最初幾年是形成久坐習慣或良好體能活動習慣的重要時期（Reilly等人2006: 5）。」因此，所有與兒童發展相關的工作者及父母都需要作出改變，認識體能活動的重要性，這對兒童成長為健康、快樂的人十分重要。MOVERS與《通過運動–遊戲促進身體發展》一書 Encouraging Physical Development through Movement-Play（Archer and Siraj，2015a）旨在傳播與實踐有關體能活動、營養、睡眠以及久坐行為方面的指引。

在英國，政府已在2017年更新了《早期基礎階段實踐指南框架》（Early Years Foundation Stage Framework）。新的框架包括英國首席衛生官員提出的針對早期兒童體能活動的指引。

一些早期運動模式對出生到 6/7 歲兒童發展的益處

身體和大腦有密不可分的聯繫，因此兒童的運動和體能活動越多，其神經系統受到的刺激越多，從而影響腦部的發展。

地板對嬰幼兒來說是重要的運動場地	躺着的遊戲有助於：
	• 感知身體的重力
	  • 手臂和腿同時運動 • 頭部自由地左右轉動並抬離地面
	  • 伸展肩部 • 轉動眼睛以看得更遠更廣
	  • 伸展髖部

趴着的遊戲有助於： • 目光追隨 • 上下左右轉頭 • 雙眼視覺協調 • 增進足弓力量 • 加強頸椎、腰椎穩定性及頸部肌肉力量 • 如廁訓練 • 最初始的自主運動 • 發展腦幹及有助生存的功能包括對疼痛、熱、冷及饑餓的感知	**用四肢爬行有助於：** • 垂直方向的目光追隨、影像（成像）聚合以及手眼協調 • 不斷調整肩膀和臀部往同一方向 • 雙手最大限度張開 • 抗地心引力保持平衡——為日後的平衡力打下基礎 • 雙手或雙腳（腿）向上、向下對稱運動；同側上、下肢運動；異側上、下肢運動 • 支持胼胝體的發展——左、右腦半球間主要的協調器官，調節雙側腦半球的運作 • 促進左、右腦半球建立聯繫以檢索、篩選、過濾、分類以及排列信息；這種聯繫的缺失會使兒童難以分辨左、右，字母和數字的正、反方向，並且出現記憶及學習問題。 • 腦部發展看似在自我與世界之間建立橋樑，建立自我與世界的聯繫。 • 促使前庭系統、本體感受系統以及視覺系統建立聯繫並協同運作。此協同運作的缺失可導致平衡力的缺乏，並且阻礙空間感和深度知覺的發展。
前庭系統：平衡力是所有功能的核心，相關運動包括： • 旋轉、摔倒、搖擺、倒掛這些動作有助兒童發展前庭系統及平衡能力 • 看、聽和感知。所有感覺的處理都會先經過前庭系統；只有前庭系統正常運作，兒童才能有效地看、聽和感知。 • 旋轉身體，這時兒童努力發展目光追隨、聚焦、調整目光遠近的能力。	**本體感受系統與肌肉、肌腱相關聯，表明肢體的位置和運動狀態** **相關運動包括：** • 腹部着地爬行 • 拔河 • 背上雙肩包 • 雙手、雙臂承重 • 跳躍 • 挖掘 • 攀爬 • 嬉戲打鬧 • 咀嚼蔬菜 • 雙手、雙臂懸掛 • 上坡行走 • 行走 • 推、拉 • 游泳 **本體感受系統發展遲緩的症狀：** 姿勢不端正，經常坐立不安，渴望被抱，表現出挑釁行為以滿足感官需求，視覺問題，對身體各部份的空間位置缺乏意識。

Bette Lamont 和 *Sally Goddard Blythe* 對此有非常詳盡的文字描述；上述信息來自於他們的教學及文章。

為兒童提供健康的營養

儘管我們的評量表不針對營養問題，但將飲食的影響與身體發展、體能活動分開是非常困難的。因此，我們在此提及與營養相關的部份內容，以提醒幼兒保教機構的教師此方面的重要性，促使他們更多地思考這方面的實踐並給予更好的指導。體能活動減少、久坐行為以及不健康飲食的增加，導致前所未有的超重和肥胖兒童數量的上升。世界衛生組織2016年的報告引起了我們的注意：肥胖會影響兒童健康、學業成績和生活質量。肥胖也是導致疾病不斷增加的原因，如心血管疾病、II型糖尿病、胃腸道疾病、肌肉骨骼相關疾病和骨科併發症等（同上:7）。另外，肥胖會影響幼兒的身心健康發展，導致行為和情緒上的發展障礙、被嘲笑以及教育成就的下降。肥胖的兒童很有可能在進入成年期依然肥胖，並有患上慢性病的風險。

童年是着手處理這種狀況的重要時期，可以通過實施倡導健康飲食的課程來實現（同上）。這一部份提供了關於營養信息方面的指引，為此評量表中概括的課程作補充，以減少久坐行為並倡導體能活動。世界衛生組織（同上）建議早期教育機構保證在課程及每日安排中都有體能活動。

以下信息由倫敦肯登區健康促進團隊（Health Improvement Team, London Borough of Camden）的工作人員提供：團隊主管 Mike Mortlake、團隊從業者 Rachel Isted、健康飲食顧問 Tania Zaidner（Little Steps to Healthy Lives）。有關飲食及兒童食譜的建議，請參考《可信任的兒童食物：英國早期教育機構公益性飲食指引——實踐指南》。（網址：www.childrensfoodtrust.org.uk/childrens-food-trust/early-years/ey-resources/）.

以下指標為保教機構提供指引，確保兒童有健康的飲食，並使其養成健康的飲食習慣，為未來的健康和發展打下基礎。

- 保證幼兒教育機構有完備的、與食品相關的規章制度，且這些制度與「可信任的兒童食物指南」（Children's Food Trust guidelines）中的內容相一致。

- 相關工作人員至少須持有英國1級食品衛生證書。

- 用餐時間可以是愉悅的社交經驗，且成人有空間與兒童坐在一起。1歲以上的兒童應食用家庭自備的食物。當成人與兒童共享午餐時，應與兒童食用同樣的固體食物。同時，成人應鼓勵兒童自己吃飯。

- 保教機構應該提供兒童尺寸的桌子、椅子、廚具和餐具（參考指南：「可信任的兒童食物」，鏈接見上述信息）。

- 保教機構或父母為兒童提供的午餐、點心或慶祝活動的飲食，都應遵循「可信任的兒童食物」。

- 教師應把兒童的飲食狀況反饋給父母、照顧者、祖父母。

- 保教機構應為父母/照顧者舉辦有關準備健康午餐的培訓（參考指南：「可信任的兒童食物」，鏈接見上述信息）。

- 從六個月開始，兒童需要用普通的水杯（而非有吮吸裝置的水瓶），這有助於他們養成喝而不是吮吸的習慣，並對牙齒和發音的發展有益。杯中的飲品應只包括水、母乳或配方奶。

- 保教機構應滿足兒童多樣的飲食需求（參考「可信任的兒童食物」，見上方鏈接）。

- 兒童應有機會去學習與健康飲食相關的知識。

- 烹飪活動可為兒童提供機會使用感覺器官。

- 保教機構提供的大部份食物應該是可口的。

- 兒童應有機會運用自己的感覺器官，通過看、聞、觸摸和用嘴唇去品嘗不同的食物。

- 理想狀態下，兒童應參與種植自己在保教機構食用的食物。

- 兒童應有機會參與食物的準備過程：收割、清洗、切碎 以及分發。

- 應鼓勵挑食的兒童健康飲食（參考「可信任的兒童食物」，見上方鏈接）。

- 飲用水應放置在兒童可及之處。如此，任何時候，當兒童需要喝水，都能自己接水並飲用。每個孩子的杯子都 應該放在可以看到、拿到的地方。有些兒童需要教師經常提醒喝水。

- 理想狀態下，兒童的食譜應提前一周計劃好。食譜要放 在父母可以看得到的地方，以此為參考安排兒童在家的飲食種類。保教機構的食譜應考慮食物的口感、味道、氣味和外觀。

睡眠

　　睡眠是童年生活重要的組成部份，並影響兒童的身心全面發展。研究顯示睡眠不足會導致一系列不良健康問題，例如肥胖、學業表現不理想、情緒及行為問題。另一些研究顯示，養成某些作息習慣，例如增加睡眠時間及減少看電視時間，能夠有效地降低體重。每個年齡段需要的睡眠時間有所不同，通常會隨着年齡增長而減少。據美國國家睡眠基金會的數據顯示，3 至 5 歲兒童的理想睡眠時間是每天 10 至 13 個小時。

　　除了增加睡眠時間外，睡眠質量和定時也是確保兒童獲得適當休息的重要因素。兒童肥胖預防策略（Birch 等人，2011 年）指出，為了讓兒童得到高質量的睡眠，幼兒保教機構的工作人員應創設噪音小、光綫暗、沒有屏幕設備的睡眠環境。另外，機構應鼓勵有助於睡眠的行為，以幫助兒童建立規律的睡眠習慣。幼兒保教機構通常會規定兒童的睡眠時間。然而，理想狀態下，作息時間及環境應足夠靈活，以滿足兒童與其年齡相關的個體睡眠需求（ACECQA，2014 年）。

使用運動環境評量表（MOVERS）中拍攝的照片

彈力帶活動中的樂趣與合作。

拉、拽彈性布。

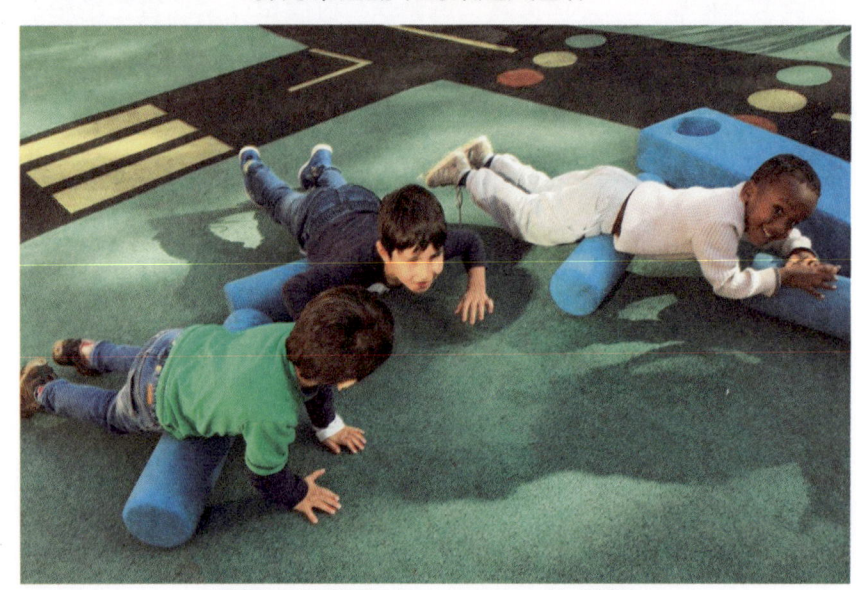

操場上的俯臥（Tummy time）時間。

成人與兒童一起手膝撐地爬。

倒掛，刺激前庭系統。

兒童臥在兩個枕頭間感受輕微壓力，促進本體感知系統的發展。

收穫蔬果：種植及園藝活動支持兒童的身心發展。

在室外潮濕的環境中進行體能活動。

充滿信心地起跳，雙膝彎曲並保持平衡。

增強上肢力量的運動設施。

用創意的方法鼓勵幼兒運用小肌肉技能書寫。

在假扮遊戲中運用小肌肉技能。

鼓勵 3 至 4 歲兒童進行體能活動。

……意味着到了 5 歲,她已經習得體操活動的基本技能。

使用運動環境評量表（MOVERS）前的準備

在將 MOVERS 用於發展教師專業能力或提升實踐之前，我們強烈建議從業者參加 MOVERS 的培訓課程。如果你正將 MOVERS 用於某個研究項目，接受相關培訓也是必要的。即使你曾接受過其他環境評量表的培訓，MOVERS 中的許多觀點和概念也是新的。此評量表要求使用者不僅對其內容有深刻理解，而且要對觀察到的現象背後的意義有深刻理解。除了評量表內容，你需要對班級中的文件資料有所瞭解，包括教學計劃和學習記錄，這些保存的文件資料通常用來支持學習和評估。你還可能需要詢問相關教師一些不帶有指向性的問題，以完善你的理解。因此，你需要良好的訪問技巧並能夠尊重、不作輕率評價並專業敏感地向教師提問，以獲取重要的信息。基於這些原因，我們建議 MOVERS 的使用者在早期教育實踐、文化敏感度以及兒童發展方面要有較好的認知基礎。

每一個項目中，星號 * 會出現在某些指標末尾。這意味著評量表為此項指標提供了更加詳盡的解釋。出現在項目下面的補充實例和進一步解釋幫助你理解指標。請在使用 MOVERS 前閱讀評量表中的每一個項目，以及所有的補充信息。

使用前的重要指引

1. 通常來說，每次使用 MOVERS 進行評估需在一個上午或下午的時段內完成，約 3 到 4 小時。每次只觀察一組兒童。觀察這組兒童所有活動範疇，包括室內和室外。倘若你要觀察其他組的兒童，便應安排另一時段進行。

2. 為了對你所在的機構進行全面評估，我們建議將其他環境量表與 MOVERS 一起使用。如果觀察對象為 3 至 5 歲兒童，我們推薦《幼兒學習環境評量表──課程增訂本》（ECERS-E）和《持續共享思維及情緒健康（SSTEW）評量表》；若觀察對象為 2 歲兒童，建議使用《嬰兒學習環境評量表──修訂版》（ITERS-R）以及《持續共享思維及情緒健康（SSTEW）評量表》。當其他環境評量表與 MOVERS 一起使用時，你會需要再多 3 至 4 個小時，甚至更長的時間。另外，在觀察結束後，你需與該校一位沒有教務在身及不受干擾的教職員進行討論。你還需要一些時間去查閱相關文件及詢問相關問題。

3. 觀察開始前，你需要瞭解此保教機構的背景和狀況，並留意當天的教學計劃，這有助你知道哪些活動是可以觀察的。

4. 開始觀察之前，要盡可能閱覽被觀察小組兒童的姓名、年齡等文件，並要得悉教師有否出席及班上是否正常運作。

5. 最後，確保你熟悉以下內容，以作出正確判斷。

作出判斷

就潛在的積極行為、回應以及互動作出判斷

舉例：

子量表 1：有關身體發展的課程、環境和資源
項目 4：通過體能活動促進小肌肉活動技能
7.1 教師開展多樣的室內和室外的小肌肉活動並定期更換以保持兒童的興趣，並要確保所有兒童每天都有機會參與這些活動。
7.2 教師依據兒童小肌肉的發展情況，計劃並實施不同程度的活動，以發展每個兒童的小肌肉的能力。

　　上述指標需要在觀察中出現才可評為「是」。評估者需要瞭解教師的計劃，以知道活動的類型及是在室內或室外進行。這些信息有助你判斷活動是否兒童的每日生活，及是否所有兒童都有參與的機會。

　　這可能要求評估者記錄那些參與互動的教師，以此辨別哪些教師有該技能。倘若僅有一位或兩位教師有這些技能，就要考慮這些教師是否能與所有的兒童相處，以及是否每天都會和兒童互動。

　　這些判斷顯示，相比於其他教師，某些教師能夠更好地支持兒童的學習和發展。同時，評估者也會將一個機構，包括其中所有兒童的學習經驗，看作一個整體來進行評估。

　　與使用許多其他的環境評估量表得出的結果相似，一個機構可以通過評估得到很高的分數，即使其中的工作人員支持兒童的方式各有不同。

就潛在的消極行為、回應以及互動作出判斷

舉例：

子量表 2：有關身體發展的教學法
項目 5：教師參與兒童的室內外運動
1.1 教師很少參與兒童的體能活動。
1.2 教師從不拓展或評述兒童的體能活動。

　　上述指標是明確的描述，適用於任何一個兒童或任何教師表現出來的消極行為或互動方式。若評估者觀察到此項目中的任何現象，便應給予「是」的判斷，並結束評分。這與其他類似環境評量表的使用方式一致。

觀察指引

1. 在對某一項指標評分之前，確保用一定的時間作出有依據的判斷——請記住，如果評分與積極的實踐相關，需要考慮此教師是否每天都有機會和所有兒童相處。必須確保觀察結果有代表性。

2. 評估者不需要按照評量表列出的順序進行評分。若觀察到與解決問題相關的體能活動、小肌肉活動，或者成人參與兒童的體能活動，可以先進行相關項目的評分。最好的方式是在觀察時做記錄，結束觀察、離開教室前完成量表的評分。

3. 部份項目，通常出現在 7 分的指標中，可能不適用於觀察 3 歲以下的兒童。這些指標的旁邊有「不適用」的標記。如果觀察對象是只有 2 歲的兒童，請確保考慮了補充信息中的內容，並據此做出「不適用」的記號。

4. 請避免打擾或介入課室內的活動。應該以一個非參與的觀察者角色出現在課室，儘量不與教師或兒童互動。事先考慮好如何應對喜歡提問的兒童，這有助避免造成兒童的不安，或與他們過多互動。

5. 請記住要做詳細和清晰的記錄，這對之後的進一步解釋或反饋十分有用。

6. 離開課室前，確保已對所有項目評分。一旦離開，評分便會十分困難。同時，請記住對相關人員表示感謝。

7. 可將本書末尾的評分表複印，以便在觀察時做參考之用。所有的複印資料僅供個人參考，並且每一位評估者應有一份原版的運動環境評量表（MOVERS）。

運動環境評量表（MOVERS）的評分標準

注意事項：評估者應該在熟悉量表、並閱讀以上「使用前的注意事項」後才開始使用。評分前還請閱讀有星號標注的每項指標的補充信息，因為這會對評分造成重要的影響。另外，也請在觀察時做記錄，幫助作出判斷。

1. 評分須反映觀察到的實踐，而不僅僅是教師提供的信息。

2. 在每個項目後面的「實例和補充信息」部份，會得到更多的信息來支持對某些指標的判斷。某些指標後會有星號標注，並提供實例以及補充信息輔助理解。這些信息為評估者舉出實例，或為評估者提供有用的問題，並指出評估者應該參考哪些文件、記錄或計劃。

3. MOVERS 的評分從 1 分到 7 分，1= 不足，3= 最低標準，5= 良好，以及 7= 優良

4. 評估者的觀察應該從 1 分開始，然後有系統地向更高的級別遞進。

5. 評估者若認為觀察現象滿足 1 分的描述，應給 1 分。

6. 若針對 1 分的指標全部被判斷為「否」，而 3 分中的指標有至少一半（非全部）被評為「是」，則應給 2 分。

7. 若針對 1 分的指標全部被判斷為「否」，且 3 分中的指標全部被評為「是」，應該給 3 分。

8. 若針對 1 分的指標全部被判斷為「否」，3 分中的指標全部被評為「是」，且 5 分中的指標至少有一半（非全部）被評為「是」，則應給 4 分。

9. 若針對 1 分的指標全部被判斷為「否」，3 分中的指標全部被評為「是」，且 5 分中的指標全部被評為「是」，則應給 5 分。

10. 若針對 1 分的指標全部被判斷為「否」，3 分中的指標全部被評為「是」，5 分中的指標全部被評為「是」，且 7 分中的指標至少有一半（非全部）被評為「是」，則應給 6 分。

11. 若針對 1 分的指標全部被判斷為「否」，3 分中的指標全部被評為「是」，5 分中的指標全部被評為「是」，且 7 分中的指標全部被評為「是」，則應給 7 分。

12. 計算子量表的平均分時，評估者要將所有項目的得分相加，然後除以項目的數量。

13. 完整的 MOVERS 的平均分等於所有子量表中所有項目的總和除以項目總數得到的數字。

運動環境評量表（MOVERS）評分表、概覽以及聯合觀察表

　　此手冊的第 52-57 頁提供了獨立的評分表，可供複印後使用。給出所有分數後，此表有助於更有效地分析得分。

　　第 59 頁的 MOVERS 概覽將評分結果用方便閱讀的方式展示，有助於發現實踐中的規律，包括做得好的和有待改善的方面。此概覽以圖表的形式將觀察分為三部份，這對發現評估者之間的差異、發現進步有輔助作用。如果用不同顏色的筆記錄得分（或用其他方式標明區別），很可能會看到觀察對象隨著時間推移的進步（如果在不同時間進行觀察），或者看到不同的評分結果（如果觀察由不同的評估者進行）。

　　第 58 頁的聯合觀察表是為了協助不同評估者之間的討論並得到最終一致同意的結果而設計的。當不同的評估者在同一環境內進行觀察，例如培訓評估者或為了增加評估的信度，通常在觀察結束後，評估者會留出時間進行討論。最終的得分可能是幾個評估者的平均分，但通常情況下，某位評估者會觀察到其他人疏漏的重要現象。所有評估者都要用證據支持他們的評分，在討論之後，他們會得到一個一致的結果（可能是某一評估者的原始評分結果）。

運動環境評量表（MOVERS）的內容

此評量表包括與發展相關的四個實踐領域，被稱為子量表。子量表中有 11 個副標題，稱為項目。每個項目中描述實踐的文字段落被稱為指標。子量表和項目如下：

子量表 1：有關身體發展的課程、環境和資源

- 項目 1：設置環境和空間，促進體能活動

- 項目 2：提供資源，包括可移動和 / 或固定器材

- 項目 3：大肌肉活動技能

- 項目 4：通過體能活動促進小肌肉活動技能

子量表 2：有關身體發展的教學法

- 項目 5：教師參與兒童的室內外運動

- 項目 6：觀察和評估兒童在室內外的身體發展

- 項目 7：制定室內外身體發展計劃

子量表 3：支持體能活動和批判性思維

- 項目 8：支持和拓展兒童的運動詞彙

- 項目 9：通過體能活動，鼓勵在溝通和互動中持續共享思維

- 項目 10：支持兒童在室內外的好奇心和解決問題的能力

子量表 4：家長 / 照顧者和教師

- 項目 11：教師告訴家長有關兒童身體發展的信息，以及它對學習、發展和健康的益處

注意：許多國家包括英國的首席衛生官員建議，能夠獨立行走的兒童每天至少有累計三小時的體能活動時間。

子量表 1：有關身體發展的課程、環境和資源

項目 1：設置環境和空間，促進體能活動

不足		最低標準		良好		優良
1	2	3	4	5	6	7

1.1 兒童進行室內活動的空間極小，教室主要被桌椅佔據。

1.2 室內活動霸佔了整日的活動程序，並干擾運動的機會。

1.3 固定的時間安排使兒童不能每天都有足夠時間參加室外的運動。

3.1 兒童可以使用一些室內地面空間，這些空間允許他們以符合其學習和發展的方式活動。教師確保大多數兒童可以自由地使用室內遊戲空間，包括殘障兒童。*

3.2 日常活動的安排足夠靈活，允許兒童有一些時間參加室內運動。

3.3 兒童每天有使用室外遊戲空間的機會，並被鼓勵參與室外的自由遊戲。*

3.4 室內和/或室外有用於繪畫的空間和適合的材料，例如，蠟筆、水筆、鉛筆、料、海綿等，供兒童全天使用。

5.1 教師創設足夠可供兒童使用的室內地面空間，並參與兒童的運動遊戲，示範使用物料和運動的不同方式，如俯臥、爬行、滾動、跳舞、旋轉。*

5.2 所有兒童都能在一天的大部份時間自由活動，並有機會在室外運動。*

5.3 教師每天為幼兒安排遊戲時間，鼓勵他們參與消耗體力的身體遊戲，例如，扮演超級英雄，挖掘，在水桶中填滿或傾倒沙、水和泥，跑、跳等。*

5.4 如果機構沒有室外遊戲空間或兒童進行體能活動的空間太小，教師把兒童帶到當地室外場地參與一系列大肌肉活動。

7.1 教師創設室內環境，以便兒童參與其他課程領域（如科學、故事、唱歌和兒歌）的運動。*

7.2 教師考慮到兒童的興趣，將其他課程領域的學習如數學、科學、自然環境等融入到室外體能活動並給予兒童幫助（如果機構內場地太小，也可到機構外進行）。

7.3 教師確保兒童可以接觸到各種室外遊戲的場地，如草地、泥地和樹皮碎屑。地形還可能包括平坦和不平坦的區域以及供兒童向下滾動和上下搬運東西的山丘。

實例和補充信息

運動（*movement activities*）包括兒童仰臥、俯臥、滾動、爬行、攀登、跳躍、平衡、搖擺、跑步、旋轉直到倒下、倒掛、跑跳、推拉、持重物和翻滾活動。

3.1 「一些地面空間」指的是室內空間的大約 20% 可以用來做運動，比如手膝爬、滾動、旋轉、跳躍、攀爬、翻滾。這個空間還可以用來開展一些在地面上完成的活動，比如用大型紙張共同進行顏料畫和繪畫創作，使用大托盤進行的凌亂遊戲、火車和軌道遊戲、創造性的拼貼活動、共同搭建大型積木等。

3.3 「有機會進行室外運動」指的是在一個半日開放的機構（例如 3 至 4 小時的入園時間）中至少有一個小時的室外時間，如果機構開放時間更長，室外時間按比例增加。

5.1 「足夠的地面空間」指的是室內至少 30% 的地面空間可以用來做運動（也見 3.1）。

5.2 「一天的大部份時間」相當於 3 個小時的入園時間中有大約 45 分鐘到 1 個小時。兒童需要適合的衣服和保護以配合不同的天氣。在極端的天氣條件下，兒童不能到室外活動，例如當污染水平很高的時候。

5.3 室外「需消耗體力的身體遊戲」對每一個兒童來說含義不同，取決於他們的年齡和身體能力，因此應為各種活動提供空間，例如爬行、滾動、旋轉、攀登、滑動、懸吊、平衡、向上跳、向下跳、搖擺和推手推車的空間，允許不同能力水平的兒童得到發展。兒童需要在一天中有相當多時間使用空間和器材，方可得分（見項目 2 中關於材料和器材的建議）。

7.1 案例可能包括：兒童使用大尺寸的 ABC 地墊拼單詞，或者在有數字的方塊地墊上跳躍，或者表演故事如「比利山羊」（Billy Goats Gruff）或玩遊戲「老狼老狼幾點了」。要求舉例說明如何將體能活動融入到其他課程領域中。

項目 2：提供資源，包括可移動和 / 或固定器材

不足		最低標準		良好		優良
1	2	3	4	5	6	7

不足 (1)

1.1 室內沒有兒童可以使用的運動器材。

1.2 室外沒有供兒童使用的可移動的運動器材。

1.3 室外沒有供兒童使用的固定的運動器材。

最低標準 (3)

3.1 教師確保室內有兒童可以使用的一些運動物料。*

3.2 室外環境中有兒童可以使用的固定運動器材，鼓勵兒童鍛煉大肌肉活動技能和開展體能活動。*

3.3 室外有兒童可以使用的可移動的運動器材，鼓勵兒童鍛煉大肌肉活動技能和開展體能活動。*

良好 (5)

5.1 教師確保室內的運動物料是方便兒童取用的，並且是大部份兒童可以定期使用的。*

5.2 課室內的空間和物料是可讓更年幼的兒童、殘障兒童在沒有障礙的情況下使用的。* 可評為「不適用」

5.3 教師組織兒童使用室外器材，使兒童參加其發展階段相應的身體遊戲。*

5.4 教師重視有創意地使用器材和物料，示範如何使用及 / 或支持兒童探索利用它們進行有效的身體遊戲。*

優良 (7)

7.1 教師提供一系列的室內運動物料，方便兒童想要或需要的時候使用。*

7.2 教師提供一系列可移動和固定的室外運動器材用於大肌肉活動，鼓勵兒童獨自或與同伴、成人一起進行體能活動。*

7.3 教師使用器材進行運動–遊戲活動，挑戰並提高所有兒童的運動技能，促進身體發展。*

實例和補充信息

請注意：關於空間適合性、場地條件、可移動及固定器材的安全問題，適用於下面這幾點：室內外必須為自由跳落、有力大動作和翻滾活動提供墊子和緩衝空間；各個區域的可移動和固定器材必須是安全的，將導致嚴重傷害的因素降到最低；教師必須參與兒童的遊戲或者站在兒童旁邊，確保所有兒童的安全。任何動作都必須在兒童同意的情況下進行。

室外區域應該有一些保護元素，比如夏天的陰涼處，風擋，天氣炎熱和晴朗、下雨或下雪情況下的遮篷。在一個半日開放的機構中，所有兒童每天至少有一個小時的室外活動時間，如果開放時間更長，室外活動的時間也按比例增加。

運動包括兒童仰臥、俯臥、滾動、爬行、攀爬、跳躍、平衡、搖擺、跑步、旋轉直到倒下、倒掛、跑跳、推拉、持重物和翻滾活動。兒童也應有靜止和安靜的時間，例如坐在洞穴裏、樹枝上，或躺在地上仰望藍天，看着白雲飄過。

1.1 見 3.1 室內器材列表。

1.2, 1.3, 3.2, 3.3

可移動器材包括有輪子的玩具、手推車、翻滾墊、用於向上提拉身體的繩子、旋轉錐盤、隧道、輪胎、供跳下/躍過的材料、搭建巢穴的物料、平衡木、A形攀爬架和梯子，還有用來澆灌植物的水盤/罐/容器以及球拍、球、氣球、鐵環和沙包等材料。

固定器材包括攀爬牆、滑梯、單杠、沙坑、用來裝水的水桶和水管，以及在自然環境中發現的資源，例如兒童可以攀爬的樹、山坡、斜坡以及台階。

3.1「一些物料」指的是室內至少有三種不同種類的物料可供兒童使用，包括：

- 一個明確劃分的區域中的軟墊子；軟的遊戲積木，軟的小球，大的瑜伽球，彈性布、雪紡綢圍巾，隧道，翻滾墊，吹氣棒，絲帶，淺口的旋轉錐盤，帶有滑梯、台階和隧道的大型器械，紙箱，太空/銀箔毯，平衡器材，各種尺寸的用棉綾包裹的彈力帶，地板標記如圓圈，腳印。

5.1「定期」意味着最少一星期兩次。

5.2 僅適用殘障兒童於評估期間出席的情況。但是，如果有新來的兒童需要這些設備，則按標準方式評分。

5.3 以下不同類型的室外器材能讓兒童參與到「需消耗體力的身體遊戲」中，這些器材需要提供得足夠多，這樣兒童可以不用長時間等待：

- 出現在適當地方和適當時間的安全墊、爬行隧道、兒童可以在其中晃動的彈性布料、彩虹傘、大型旋轉錐盤、小型旋轉錐盤、滑梯、鞦韆、A型攀爬架和梯子、彈床、單杠、攀爬牆、攀爬架、用來攀爬的樹、向下跳的器材、平衡器材、鞦韆和/或用來盪鞦韆的繩索、拔河材料，玩翻滾遊戲的墊子、手推車及塊狀物。

這些類型的器材在一天中大部份時間都是可以使用的，兒童也需要空間來跑步和跳舞。

5.4 例如，可拉伸和唰唰作響的材料如彈性布；與同伴一起玩彈力帶；將柔軟的遊戲積木與沙發放在一起，讓兒童滾動和翻越；當兒童趴在一塊材料上時，讓其他兒童拉着走；用緞帶做手臂大肌肉運動；俯臥的時候用吹氣棒（carnival sticks）做小幅度的運動；用卷起的報紙做棒球棒。

7.1, 7.2 「一系列的運動物料和器材」將會使兒童參與到指標 3.1 和 5.3 提到的活動，其中一些活動將在室內和室外進行。

7.3 如果當天沒有看到，那麼查看計劃和記錄和 / 或詢問教師作為觀察證據。

注意：如果機構沒有可使用的室外空間，則必須安排兒童外出，參與體能活動。

項目 3：大肌肉活動技能 **

不足		最低標準		良好		優良
1	2	3	4	5	6	7

1.1 室內外沒有進行大肌肉活動的器材或機會。*

1.2 教師不鼓勵兒童參與大肌肉活動。

3.1 兒童每天在室內和/或室外有器材和機會參與大肌肉活動。*

3.2 兒童每天在室內和/或室外參與適合其學習與發展的大肌肉活動。

5.1 教師確保兒童參與合適的室內和/或室外運動，促進大肌肉活動技能的發展。教師示範和/或協助兒童進行大肌肉活動。

5.2 教師將大肌肉活動和其他課程領域整合起來。*

5.3 教師與家長交流有關兒童大肌肉發展的信息。*

7.1 教師進行多樣的室內和室外大肌肉活動並定期更換內容以保持兒童的興趣。確保所有兒童有機會參與其中。

7.2 教師依據個別兒童的大肌肉發展情況做計劃，並與兒童進行相關討論，協助個別兒童或與同伴一起持續進步。* 可評為「不適用」

實例和補充信息

** 大肌肉活動技能被定義為運用身體各組大肌肉（如胳膊、腿和臀部）運動的技能，包含原地運動（如彎曲、扭動和上下跳）和移動運動（如爬行、跑步、跳躍、扔和踢）。

1.1, 3.1 提供大肌肉活動的器材，包括：

室外：
- **可移動器材**，例如有輪子的玩具、手推車、翻滾墊、用於向上提拉的繩子、旋轉錐盤、隧道、輪胎、供跳下/躍過的材料、搭建巢穴的材料、平衡木，A型攀爬架和梯子，還有球拍、球、氣球、鐵環和沙包等材料。

- **固定器材**，如攀爬牆、滑梯、單杠、沙坑、用來裝水的水桶和水管，以及在自然環境中發現的兒童可以攀爬的樹。

室內：
- **可移動器材**，包括攀爬架、旋轉錐盤、軟質遊戲積木、翻滾墊、沙發、用於翻滾遊戲的地墊和靠墊、隧道、小軟球、大瑜伽球、有滑梯、台階和爬筒的室內遊戲器材、平衡器材、沙包、氣球、用來澆灌植物的水盤/罐/容器等。

5.2 例如，當兒童沿着數字綫跳躍或單腳跳時，或把沙包扔進圈內並數數，或隨着音樂和節奏運動，或在小組裏重複演繹故事時，數學的學習就發生了。

5.3 這可能需要查看計劃和記錄，和/或詢問教師。

7.2 如果兒童在2到3歲之間和/或語言非常有限，可以評定為「不適用」，請判斷是否要讓兒童參與討論。如果選擇「不適用」，請注明理由。

項目 4: 通過體能活動促進小肌肉活動技能

不足		最低標準		良好		優良
1	2	3	4	5	6	7

1.1 室內和/或室外沒有發展小肌肉活動技能的物料或機會。*

1.2 室外很少有增強手和手指力量及靈活性的發展兒童大肌肉活動技能的機會。*

1.3 教師不鼓勵兒童參與發展小肌肉活動技能的活動。

3.1 兒童每天可以在室內使用物料並有機會參與在地面上完成的運動，發展小肌肉活動技能。*

3.2 兒童每天參與室外的大肌肉活動，增強手和手指的力量及靈活性，促進小肌肉活動技能。*

5.1 教師進行合適的活動，發展兒童的小肌肉活動技能，例如，運動、繪畫創作活動、在地面上完成的活動。*

5.2 教師安排合適的室外活動，發展兒童的小肌肉活動技能。*

5.3 教師評估並記錄兒童的小肌肉技能發展並監察他們的進步。*

5.4 教師與家長交流有關兒童小肌肉活動技能發展的信息。

7.1 教師進行多樣的室內和室外小肌肉活動，並定期更換以保持兒童的興趣，確保所有兒童每天有機會參與這些活動。

7.2 教師依據兒童小肌肉動作發展情況，計劃並實施不同能力水平的活動，以發展每個兒童的小肌肉活動技能。

實例和補充信息

*小肌肉活動技能*被定義為使用身體的各組小肌肉,主要是手和手指,儘管腳趾也會被包括在內,例如扭動手和腳趾、抓物、寫字、用剪刀剪、繫鞋帶。

1.1,1.2,3.1,3.2,5.2 在雙手可以自由地專注於特定的小肌肉活動技能之前,身體需要有一定的穩定性。許多早期和之後更難的運動將會支持這種穩定性,包括腹部著地爬、用四肢爬行、攀爬、依靠設施設備或繩子站起來。推手推車、牆上俯臥撐、抓住單杠並倒掛。這些活動有助於確保身體的穩定性,並能增強兒童手和手指的力量和靈活性,幫助兒童發展小肌肉活動技能,兒童才能學會握筆並用筆寫字。運用整個身體主動積極參與運動,能促進幼兒相關能力的發展,如肩膀穩定性、旋轉下臂、握緊筆並將手放在寫字的位置上。相關證據可以在兒童當天活動、展示或兒童的記錄中看到。

1.1,3.1,5.1,5.2 適合的小肌肉活動案例:

- 見前面提到的活動。

- 用大的蠟筆和其他繪畫創作工具畫畫,使用蘸有顏料或水的顏料刷,瀏覽書籍,填滿和倒空容器,玩乾濕沙子。許多小肌肉活動應該在地面上進行。

- 幫助兒童小肌肉活動技能發展的其他活動包括:用吹氣棒和/或雪紡綢圍巾跳舞,用各種物料創作拼貼畫,玩上發條的玩具,使用噴霧容器,給娃娃穿脫衣服,為角色遊戲喬裝打扮,挖掘,種植和收穫糧食,玩小型世界的模型玩具。

- 小肌肉活動應該符合所有兒童學習與發展的需要,所以應考慮:積木的尺寸,適合左手使用和右手使用的剪刀,拼圖、穿綫和縫紉、樂高、磁力片和其他建構物料的複雜程度,還有如粘土和橡皮泥之類的其他製作物料。

一些證據可能在當天活動中看到,詢問教師提供哪些活動,並為獲得證據查看計劃或展示。

5.3 這可能需要看兒童的記錄和／或詢問教師。

所有的物料和設備必須處於良好狀態,允許兒童按照他們的意願玩耍。如果物料不完好,則重新評估,直到它們符合要求。

子量表 2：有關身體發展的教學法 ***

項目 5：教師參與兒童的室內外運動 **

不足		最低標準		良好		優良
1	2	3	4	5	6	7

1.1 教師很少參與兒童的體能活動。

1.2 教師從不拓展或評述兒童的體能活動。

3.1 教師參與兒童室內外的運動。

3.2 教師確保殘障兒童能參與運動。* 可評為「不適用」

3.3 教師用合適的方式與兒童分享有關運動發展方面的信息。*

5.1 教師示範運動的方式並參加兒童的運動，例如，腹部著地爬、用四肢爬行、滾動、旋轉、平衡、跳躍、跳舞等等。

5.2 教師提醒那些看起來不動或不積極參與的兒童動起來。

5.3 教師知道甚麼時候適當介入和支持兒童，甚麼時候退出，讓他們自己堅持下去。

5.4 如果教師對兒童有持續的擔憂，那就把兒童轉介給專業人士或物理治療師或運動專家。

7.1 教師與兒童一起反思他們的活動，當兒童嘗試難做的動作時站在旁邊幫助他們，或者告訴他們如何一步一步地做到自己想做的動作。*

7.2 一年至少提供一次提高兒童運動興趣的活動，比如邀請舞蹈演員來機構或帶兒童去劇場看體育、雜技或舞蹈表演。

7.3 教師通過額外閱讀和參加進修課程來拓展他們對運動發展的認識和理解。*

實例和補充信息

「有效教學法最重要的元素不是發起活動的人，而是成人和兒童參與共同構建的程度、成人和兒童之間以及兒童與兒童之間的高質量互動。」（Siraj-Blatchford，2010 年）

** **運動**包括兒童的仰臥和俯臥，在俯臥時用手撐起來，翻滾，爬行並拉着物體站起。後來，兒童會攀登、跳躍、平衡、搖擺、跑步、旋轉直至倒下，倒掛、跑跳、推拉重物和翻滾活動。然而，任何年齡的兒童都應該以適合年齡的方式經歷早期的運動模式。

*** 來自幾個國家包括英國在內的首席衛生官員建議：可以獨立行走的兒童每天至少有三個小時的體能活動，一天內分多次進行。

3.2 只要班級中有一個孩子被鑒定和診斷為殘障，其評估報告提供有如何滿足他／她的運動需求或者兒童接受了專業幫助如職業治療，這個指標就被評分。如果沒有評估或機構／課室裏沒有殘障兒童，則評為不適用。

3.3 教師和兒童談論他們的運動發展，例如，他們喜歡的運動，他們做得好的運動，他們沒有嘗試過但可能想嘗試的運動。

7.1 有難度的動作可能包括兒童第一次嘗試爬上 A 型攀爬架或者倒掛，爬上攀爬墻或在單杠上搖擺，這時他們可能需要一個成人來支持他們或站在旁邊，必要時準備好幫助他們。

7.3 這個指標需要詢問教師，例如：詢問教師參加過甚麼課程以加深瞭解兒童發展範疇，及進行體能活動對兒童的益處（比如運動–遊戲／身體發展／身體知識的課程）」；「關於這個範疇你是否讀過一些文章、書籍等等？」

項目 6：觀察和評估兒童在室內外的身體發展 **

不足		最低標準		良好		優良
1	2	3	4	5	6	7

1
1.1 沒有對兒童身體發展的觀察記錄。

3
3.1 教師觀察和評估兒童的身體發展，檔案記錄可能包括照片、視頻、音頻、觀察筆記。在現有的課程框架和發展指標之間建立聯繫。*

3.2 教師記錄兒童在身體遊戲中的互動。

5
5.1 教師觀察和分析兒童的運動，並基於此做好關於兒童身體發展的下一步計劃和準備。*

5.2 教師將他們的觀察結果與課程的其他範疇建立聯繫，並將其納入他們的計劃中。

5.3 教師與家長分享兒童在身體發展方面進展的觀察和評估。

5.4 教師和父母持續發現兒童出現身體運動問題，將兒童轉介到外間機構，尋求建議。

7
7.1 教師運用他們的觀察和評估為兒童提供更多的機會，將運動經驗運用到其他課程範疇。*

7.2 兒童對身體發展方面進展的自我評估，被用於制定下一步的學習計劃。在某些情況下可評為「不適用」。*

7.3 家長和專家，例如職業治療師，在合適的時候幫助評估和規劃兒童的身體發展。

實例和補充信息

** 兒童的發展並不總是向前和向上的，儘管他們的學習需要充實和拓展。兒童的發展會受到他們所處環境的影響，也會受到同伴、身邊的成人所影響。童年早期環境中的生活常規和氛圍也會影響兒童的發展。

教師需要瞭解兒童的發展情況，以配合 2 歲、3 歲、4 歲的兒童或者瞭解兒童在第二年、第三年或第四年年初和年末之間的差異。教師必須觀察和支持兒童，給他們時間去練習他們已經會做的事情，並在適當的時候拓展他們的能力。

教師應該密切關注兒童，有目的地瞭解兒童，瞭解他們的特點、需要和興趣。

隨着時間的推移，教師對每個兒童的瞭解不斷深入，知道每個兒童的身心發展狀況、他 / 她的興趣和學習特點以及他 / 她的技能和能力。評估不應該導致與兒童互動的長時間中斷，也不需要過多的文書工作。

3.1 對兒童的觀察包括教師注意、仔細觀察、傾聽並記錄兒童在運動中發生的事情，也包括準確地記錄、描述所見所聞。運動是由兒童 / 成人發起的還是成人主導的？記錄兒童的參與程度——他們有多深入地參與到運動體驗中？活動是否因任何原因中斷、持續或更加深入？兒童有多積極主動？他們在運動中表現得快樂嗎？兒童是否獨處、與一個同伴一起，還是在一個小組中或與一個成人在一起？記錄每個兒童做些甚麼、他 / 她和誰在一起、說了甚麼和用了哪些詞彙？兒童展示出甚麼技能？

可以通過對舞蹈和運動模式以及大肌肉和小肌肉活動所拍攝的照片、視頻或觀察記錄來說明兒童的顯著發展。

如果沒有看到任何證據，向教師詢問他們是如何記錄其觀察和評估兒童的身體發展的。

5.1 教師持續細緻地觀察兒童，直到對兒童的發展需要和興趣有更全面的瞭解，她 / 他的運動有甚麼意義？兒童在這一領域有甚麼學習方法？他們在這一領域的學習傾向 / 特點是甚麼？兒童在室內和室外展示出甚麼喜好和興趣？隨着時間的推移，應該不斷收集證據，以評估和制定未來的發展計劃。觀察時，教師需要有明確的目的和重點，以進行評估和制定計劃。

如果指標在觀察記錄或計劃中看不到，詢問教師如何跟踪個別兒童的進步和發展。

7.1 運動經驗可用於其他課程範疇，例如，數學，玩跳房子或計算運多少桶沙 / 水到建築區；科學，孩子注意到他們快跑後心率恢復正常需要多長時間；繪畫創作，使用大的顏料刷和水在室外創作繪畫；自然，通過種植、生長和收集草本植物和食物，可以探索水坑和不同的室外地面。

7.2 教師與兒童交談，並與他們一起反思他們的運動發展，鼓勵兒童提出問題，發表評論，分享他們會做的事情、他們感興趣的事情以及他們接下來想學些甚麼。如果兒童在 2 歲到 3 歲之間和 / 或語言非常有限，可以評定為「不適用」。請判斷是否要讓兒童參與評價自己的進步，如果選擇「不適用」，請注明理由。

項目 7：制定室內外身體發展計劃 **

不足		最低標準		良好		優良
1	2	3	4	5	6	7

1.1 計劃中沒有包括身體發展方面的內容。

3.1 在觀察和評估兒童身體發展的基礎上，制定運動計劃，並與當前的課程框架相聯繫。*

3.2 教師幾乎只計劃室外運動。

5.1 編寫的計劃基於對兒童身體發展、興趣和需要的評估，然後在實踐中實施計劃並提供空間和資源。

5.2 計劃包括教師的角色，這可能包括設置設施，確保其安全和狀況良好。所有教師有責任支持兒童運動。

5.3 教師計劃室內外的體能活動，計劃顯示教師有意將其他一些課程範疇納入體能活動中。*

5.4 通過與家長溝通，根據兒童在家表現出的運動需要和興趣制定計劃。

7.1 運動是為特定兒童的需要而設計，包括有特殊需要的兒童，這些運動被寫入每日計劃和每週計劃。

7.2 身體發展計劃包括所有其他課程範疇，例如數學、語言和讀寫、健康、早期科學等。

7.3 所有與兒童一起工作的人，都參與到評估和計劃的過程中，如兒童的主要照顧者及其他專業人員，如職業治療師、物理治療師等。

實例和補充信息

** 請注意，觀察和評估兒童的進步前應熟悉計劃。教師關注兒童及他們的需要，以便他們想攀爬時，為他們提供一些攀爬的器材，他們想跳時，為他們提供一些可用來從上往下跳的器材等。

3.1 要求看計劃。多久為全班或小組制定運動計劃？計劃有哪些室內外活動？

5.3 看計劃，身體發展是否包括其他一些課程範疇，或身體發展是否貫穿整個課程。

子量表 3：支持體能活動和批判性思維

項目 8：支持和拓展兒童的運動詞彙 **

不足		最低標準		良好		優良
1	2	3	4	5	6	7

1.1 教師很少鼓勵兒童或給兒童機會與教師談論體能活動。

1.2 教師有關運動的互動語言傾向於監察性質。

3.1 當兒童進行體能活動時，教師對兒童的表情、手勢、聲音、肢體語言和運動詞彙作出適當的回應。*

3.2 兒童參與身體遊戲時與同伴口頭交流。*

3.3 教師參與到兒童的體能活動中，對兒童使用相關的運動詞彙。*

5.1 參與兒童的體能活動時，教師有計劃地拓展兒童的運動詞彙。*

5.2 教師鼓勵和支持兒童互相交流他們的身體遊戲。

5.3 教師與不那麼喜歡運動和交談的兒童一起玩。

7.1 教師問開放性問題，並鼓勵兒童提一些與他們的運動經驗有關的問題。教師鼓勵兒童談論和拓展他們的想法。

7.2 如果有需要的話，教師與專家一起評估和制定計劃，為被診斷為語言困難或遲緩的兒童提供支援。*

實例和補充信息

**（參閱「與兒童一起使用與運動相關的語言」，第 13 頁）

3.1 語言是兒童提高理解能力的重要條件。因此，討論他們正在做的事情是很重要的。通過這種方式，他們獲得並拓展運動語言。這些語言反映他們的經驗和感受，例如：多遠？多高？多長時間？感覺怎麼樣？感到興奮、有趣還是害怕？Peter 為甚麼總是贏？教師可以圍繞影響獲勝的變化因素開始討論，比如是否這個兒童更高、腿更長、喜歡跑步等等。探索積極和消極的情緒，例如感覺快樂或悲傷，或第一次做某件事時的感受、做某件事太難時的感受；包括談論遊戲的聲音，比如在盪鞦韆時的「嗖嗖」聲，滑下滑梯時的「呼呼」聲，跳彈床時的「蹦蹦」聲，以增加遊戲的樂趣和促進語言表達。

3.3 成人介紹與兒童運動相關的詞彙，包括名詞、動詞和短語等。

5.1 看計劃、記錄和 / 或詢問老師一些軼事證據。其目的是適當增加運動詞彙，確保和拓展兒童的運動語言。例如，當兒童參與運動時，教師在情境中運用運動詞彙，包括介詞，如*上*、*中間*、*旁邊*、*前面*；動詞和介詞，如*爬上*梯子、*爬過*隧道；名詞，如身體部位；帶有形容詞的名詞，如*左手*、*單手*；形容詞，如描述距離的詞，例如*短*、*長*、*遠*、*近*等；副詞，*快速*，*緩慢*（參閱「與兒童一起使用與運動相關的語言」，第 13 頁）。

7.2 這可能需要看計劃、記錄和 / 或詢問教師有關從專家（如語言治療師）處獲得的幫助，以及他們可能得到的建議或看到的報告。

項目 9：通過體能活動，鼓勵在溝通和互動中持續共享思維

不足		最低標準		良好		優良
1	2	3	4	5	6	7

1.1 教師與兒童的溝通中表現出不鼓勵運動。*

1.2 教師很少或根本沒有嘗試通過一起運動或口頭互動與兒童溝通。*

3.1 教師用相關和合適的語言、語調對一些兒童的運動給予回應，給予兒童談論和思考的時間。*

3.2 教師邀請一些兒童使用紙、顏料、鉛筆或通過照片和視頻等，以個別或小組的形式記錄他們的運動經驗。

5.1 教師鼓勵兒童在身體遊戲活動中互相溝通，拓展兒童在口頭分享和互動方面的能力。*

5.2 教師鼓勵兒童在看照片、視頻和／或繪畫作品時，談論他們之前的運動經驗和相關情緒。*

5.3 教師與家長談論如何在家庭學習環境中加強運動和遊戲。*

7.1 教師鼓勵所有兒童在運動中與他人互動。幫助兒童思考並與學習建立聯繫，支持兒童發展持續共享思維。*

7.2 教師向兒童反饋他們的身體發展情況，並一起回顧他們的進步。*

7.3 家長和教師分享他們對兒童在家庭和機構中參與運動、運動語言和相關討論的觀察。

實例和補充信息

1.1 「不鼓勵」意味着停止。

1.2 口語可以用於口頭溝通，而運動可以是非語言溝通的一種形式，例如，和兒童一起滾動或爬行，或與他們一起跑步，手牽着手協助他們從台階上跳下來。

3.1 使用的語言可以表達兒童運動後的感覺，例如，快跑後注意身體狀況：心跳速度或額上的汗水；室外赤腳跑過不同表面和紋理的地面的感覺；把腳趾踩在泥裏的感覺；倒掛在器材上是否感到興奮或害怕；爬上攀爬架雖然比較難，但堅持到達頂端的感覺很好；探索積極和消極的情緒，例如成功、失敗、跑步跌倒受傷時的感覺。

5.1 例如，兒童在建造洞穴時，可能會引發討論：尋找相同或不同大小的棍子，創造可以讓他們爬進去、站起來或四處走動的空間，用他們的整個身體探索空間，或者在規劃和設置障礙物時。這些活動讓兒童有機會討論建造洞穴的過程，並以一種真實的方式談論方位和空間，給他們一個充滿想像力和令人興奮的玩耍空間。教師可以提問，如：「你們需要把洞穴建得多高？」「孩子們在裏面玩耍，空間是否夠大？」「如果下雨，怎麼讓它保持乾爽？」如果當天沒有觀察到，詢問那些已經發生過的案例。

5.2 使用的語言可以圍繞着諸如競爭之類的概念，或者為甚麼某些兒童做得會比較好，比如贏和輸，或者諸如公平的概念，如個子高的兒童是否比個子矮的兒童快，或者其他因素在起作用。這樣，兒童就有了真實的問題，從他們的經驗出發進行持續的對話。很有可能在當天觀察到這種情形，如果沒有觀察到，請詢問軼事證據 / 記錄證據。

5.3 這個指標可以要求看觀察記錄和 / 或詢問教師。

7.1 當兒童通過運動和 / 或語言來遊戲和學習時，教師通過跟隨兒童主導的運動、他們的談話和思考過程來支持兒童的思維，這是至關重要的。持續的互動可發生在兒童打鬧或玩小組遊戲的時候，例如在玩彈性布料或彈力帶時與他人的互動。教師與兒童分享他們在運動過程中的感覺、想法和情緒時，持續的對話就產生了，例如：「我看到你們在嬉戲打鬧時經常大笑，感覺怎麼樣？你們用彈力帶一起玩了很長時間，甚麼事讓你們決定一起從室內玩到室外？這是誰的想法？」

7.2 計劃和 / 或記錄中顯示出個別兒童的進步。

項目 10：支持兒童在室內外的好奇心和解決問題的能力 **

不足		最低標準		良好		優良
1	2	3	4	5	6	7

1.1 教師傾向於指導兒童進行體能活動。

1.2 當兒童積極參與體能活動時，教師沒有支持兒童。

3.1 教師幫助一些兒童選擇他們想要參加的體能活動，以及他們將怎樣做。

3.2 教師通過提供可以不同方式使用的器材，激發一些兒童對身體遊戲的興趣。*

3.3 教師通過在現場關注一些兒童，來幫助他們專注於體能活動。*

5.1 教師鼓勵大多數兒童探索運動，以回應他們發現新想法的興趣。教師加入兒童的運動，專業敏感地回應兒童的想法。*

5.2 教師為大多數兒童制定符合兒童發展的運動計劃。他們示範和幫助兒童拓展運動技能，確保兒童有空間、時間和資源去探索他們的潛能。

5.3 教師支持大多數兒童在運動探索中冒險，讓他們在嘗試的同時給予指導，並知道甚麼時候退出、甚麼時候介入。

7.1 教師跟隨個別兒童的運動興趣與其一起嬉戲，對他們的體能活動作出回應，或進行語言溝通，以激發他們並引起他們的好奇心。教師鼓勵個別兒童提問。

7.2 教師滿足兒童的好奇心，並支持兒童以個別和/或小組的形式解決問題。他們鼓勵所有的兒童互相學習，並記錄一些重要時刻，用於制定計劃。*

7.3 教師與個別兒童談論他們在運動中的探索，例如學到了甚麼、哪些奏效、哪些不奏效、感覺如何，以此來支持兒童的學習。

實例和補充信息

** 幼兒往往對周圍世界有着天生的興趣；他們對環境好奇，想與人交往。通過認可他們的興趣並鼓勵他們，使其好奇心得到重視和滿足，他們才有信心嘗試新體驗。自然環境為兒童的好奇心和體能活動提供了豐富的資源。

3.2 物料是兒童可取用的，可能呈現在室內的一個特定房間或者主要房間中的一個區域，這個主要房間是專門為兒童運動所設計的。教師為室外身體遊戲提供各種物料，如：可擺動的繩索、水桶和滑輪、跳躍設備和運送水／沙／磚塊的手推車；用於挖掘和／或尋找蠕蟲的泥濘的區域、可以攀爬的樹、建造洞穴的材料；帶兒童到大自然中散步，收集樹葉、枝條、種子、水果和堅果，製作樹皮拓印並識別其所屬樹木的名稱。

3.3 這個指標指的是，當兒童參與運動時，教師關注兒童，顯示出他們重視兒童的運動並且對兒童所做的事情感興趣。

5.1 物料安排和呈現的方式，可以激發幼兒的好奇心，鼓勵探索，並用新的方法使用它們——例如，一個裝有一個球或玩具的盒子，這個盒子被雪紡綢圍巾覆蓋，可能會鼓勵兒童去調查，坐進盒子，用其他材料覆蓋自己；或者用水管連接不同水位的水盆，可能會鼓勵兒童玩水。然而，一些新物料（如彈性布料，大或小的彈力帶）最初可能需要教師介紹給兒童，給兒童展示使用這些材料的不同方法，儘管兒童可能會以新的方法使用它們。

教師應該允許兒童在運動探索中嬉戲，以便他們學習和發展新的想法和技能。

7.2 教師傾聽兒童有創意的想法，有興趣地回應，幫助他們表達自己的感受、與他人玩耍並在有關連時與他人合作。教師支持兒童一起活動並解決問題，問一些開放式的問題，比如，我想知道你怎樣能在不弄濕腳的情況下經過水面。或者，教師與兒童一起反思：大家是如何一起解決問題的，解決得怎麼樣。

教師可能會提出一些想法，比如藏起一個寶盒，寶盒裏裝滿用來運動的物料，如音樂播放器（如智能手機或 iPad）、雪紡綢圍巾、吹氣棒、絲帶棒等。兒童跟隨一張成人繪製的地圖尋找寶藏，並使用有用的綫索，如「從外面的這棵樹開始」，「計數五步到攀爬架」——綫索可以在地圖上寫下來和畫上去。兒童可以一起遊戲，跟隨地圖，解析綫索，直至找到寶藏。年齡大一點的兒童可以幫助年齡小一點的。他們在一個已設置好的跳舞區域結束這個遊戲。

子量表 4：家長 / 照顧者和教師 ***

項目 11：教師告訴家長有關兒童身體發展的信息，以及它對學習、發展和健康的益處 **

不足		最低標準		良好		優良
1	2	3	4	5	6	7

1.1 教師不與家長討論體能活動的重要性。

1.2 教師不告知家長有關保教機構在保障兒童身體發展方面所採用的方法。

3.1 教師非正式地告知家長有關保教機構促進兒童身體發展方面所採用的方法，包括營養。

3.2 家長和教師分享兒童在機構和 / 或家中有關體能活動的信息。

5.1 家長瞭解該課程領域的教育目標和實踐。機構邀請家長觀看兒童參加體能活動和 / 或有趣的體能活動日。*

5.2 教師和家長分享兒童運動和健康狀況的信息。（例如，兒童和他們的兄弟姐妹或朋友一起玩的體能活動）教師指導家長幫助他們的孩子在家中更積極健康地運動。*

5.3 展示中，有讓家長瞭解體能活動益處的信息，有兒童參加運動的照片。*

7.1 評估運動方案時，定期徵詢家長的意見（例如非正式的和 / 或通過問卷調查）。*

7.2 如果教師對孩子的身體發展有所憂慮，將諮詢家長。教師和家長共同決定是否將兒童轉介到外間機構（如物理治療師或職業治療師）。* 評為「不適用」

7.3 教師採用多種方法鼓勵家長 / 家庭在機構和家中參與促進兒童的身體發展。*

實例和補充信息

***「家長／照顧者」指的是任何對兒童有主要照顧責任的成人，而在該項目的其餘部份將被稱為「家長」。

** 來自幾個國家包括英國在內的首席衛生官員建議：可以獨立行走的兒童每天至少有累計三個小時的體能活動。

5.1 家長／照顧者是否被邀請去機構觀察或加入兒童的運動？家長／照顧者是否被邀請參加會議，傾聽和討論兒童運動發展的重要性，以及它如何影響兒童的學習？

5.2 教師可以向家長介紹不同的體能活動，從而支持家長，如：

- 與兒童一起在地板上做運動

- 與兒童一起從幼兒園步行到當地的商店

- 帶他們去公園

- 給兒童跑步、玩球類遊戲的自由，利用公園的設施盪鞦韆、滑滑梯和攀爬，參加游泳課，一起建造沙丘和在海上游泳。

　　教師是否告知家長有關運動對兒童社交、情緒和認知發展及其健康的益處？教師是否與家長討論與運動相關的詞彙？教師是否詢問家長／照顧者他們的孩子在家中做哪些體能活動？教師是否與家長討論兒童吃健康食品的重要性？

5.3 「展示」可以包括保教機構關於身體發展的政策、兒童在機構和在家進行的體能活動等。展示的內容是否包括運動對兒童的健康、學習和發展的益處？（參閱「一些早期運動模式對出生至6/7歲兒童發展的益處」P.17，和「為兒童提供健康的營養」P.18。）

7.1 「定期」指的是每年或每兩年。詢問家長是否參加評估運動方案以及多久評估一次。

7.2 當兒童看起來遇到運動困難時，教師會怎麼做？他們會告訴家長嗎？如果家長同意，他們會將兒童轉介給外間機構嗎？

7.3 「參與」要求家長／照顧者的積極參與，如觀察／加入兒童的運動會、組織或參加一個趣味日，例如，機構可以選擇讓父親／祖父參與這些活動。物料可以借給家長，以便他們可以在家參與孩子的運動。家長／照顧者是否有其他參與方式？

運動環境評量表（MOVERS）評分表

保教機構 / 中心名稱：_____

觀察日期：_____   觀察時間：從 _____ 到 _____

在保教機構 / 中心觀察到的區域：_____
_____

現場從業者 / 教師：_____
_____

觀察到的兒童年齡（範圍和平均年齡）：_____

當天觀察到的兒童人數：_____   觀察期間班級的兒童總數：_____

保教機構 / 中心的兒童總數：_____

其他相關信息，例如，招生地區：
_____
_____
_____

觀察者姓名：_____

簽名：_____

觀察到的室內外區域粗略圖

評分表

子量表 1：有關身體發展的課程、環境和資源																
項目 1：設置環境和空間，促進體能活動											1	2	3	4	5	6	7

	是	否		是	否		是	否		是	否
1.1	☐	☐	3.1	☐	☐	5.1	☐	☐	7.1	☐	☐
1.2	☐	☐	3.2	☐	☐	5.2	☐	☐	7.2	☐	☐
1.3	☐	☐	3.3	☐	☐	5.3	☐	☐	7.3	☐	☐
			3.4	☐	☐	5.4	☐	☐			

子量表 1：有關身體發展的課程、環境和資源																	
項目 2：提供資源，包括可移動和/或固定器材												1	2	3	4	5	6	7

	是	否		是	否		是	否	不適用		是	否
1.1	☐	☐	3.1	☐	☐	5.1	☐	☐		7.1	☐	☐
1.2	☐	☐	3.2	☐	☐	5.2	☐	☐	☐	7.2	☐	☐
1.3	☐	☐	3.3	☐	☐	5.3	☐	☐		7.3	☐	☐
						5.4	☐	☐				

子量表 1：有關身體發展的課程、環境和資源

項目 3：大肌肉活動技能　　　　　　　　　　　　　　　　　　　　　1　2　3　4　5　6　7

	是	否			是	否			是	否			是	否	不適用
1.1	☐	☐		3.1	☐	☐		5.1	☐	☐		7.1	☐	☐	
1.2	☐	☐		3.2	☐	☐		5.2	☐	☐		7.2	☐	☐	☐
								5.3	☐	☐					

子量表 1：有關身體發展的課程、環境和資源

項目 4：通過體能活動促進小肌肉活動技能　　　　　　　　　　　　　1　2　3　4　5　6　7

	是	否			是	否			是	否			是	否
1.1	☐	☐		3.1	☐	☐		5.1	☐	☐		7.1	☐	☐
1.2	☐	☐		3.2	☐	☐		5.2	☐	☐		7.2	☐	☐
1.3	☐	☐						5.3	☐	☐				
								5.4	☐	☐				

子量表 2：有關身體發展的教學法

項目 5：教師參與兒童的室內外運動　　　　　　　　　　　　　　　　1　2　3　4　5　6　7

	是	否			是	否	不適用		是	否			是	否
1.1	☐	☐		3.1	☐	☐		5.1	☐	☐		7.1	☐	☐
1.2	☐	☐		3.2	☐	☐	☐	5.2	☐	☐		7.2	☐	☐
				3.3	☐	☐		5.3	☐	☐		7.3	☐	☐
								5.4	☐	☐				

子量表 2：有關身體發展的教學法																
項目 6：觀察和評估兒童在室內外的身體發展									1	2	3	4	5	6	7	
	是	否			是	否			是	否			是	否	不適用	
1.1	☐	☐		3.1	☐	☐		5.1	☐	☐		7.1	☐	☐		
				3.2	☐	☐		5.2	☐	☐		7.2	☐	☐	☐	
								5.3	☐	☐		7.3	☐	☐		
								5.4	☐	☐						

子量表 2：有關身體發展的教學法															
項目 7：制定室內外身體發展計劃									1	2	3	4	5	6	7
	是	否			是	否			是	否			是	否	
1.1	☐	☐		3.1	☐	☐		5.1	☐	☐		7.1	☐	☐	
				3.2	☐	☐		5.2	☐	☐		7.2	☐	☐	
								5.3	☐	☐		7.3	☐	☐	
								5.4	☐	☐					

子量表 3：支持體能活動和批判性思維															
項目 8：支持和拓展兒童的運動詞彙									1	2	3	4	5	6	7
	是	否			是	否			是	否			是	否	
1.1	☐	☐		3.1	☐	☐		5.1	☐	☐		7.1	☐	☐	
1.2	☐	☐		3.2	☐	☐		5.2	☐	☐		7.2	☐	☐	
				3.3	☐	☐		5.3	☐	☐					

子量表 3：支持體能活動和批判性思維

項目 9：通過體能活動，鼓勵在溝通和互動中持續共享思維　　　1　2　3　4　5　6　7

	是	否		是	否		是	否		是	否
1.1	☐	☐	3.1	☐	☐	5.1	☐	☐	7.1	☐	☐
1.2	☐	☐	3.2	☐	☐	5.2	☐	☐	7.2	☐	☐
						5.3	☐	☐	7.3	☐	☐

子量表 3：支持體能活動和批判性思維

項目 10：支持兒童在室內外的好奇心和解決問題的能力　　　1　2　3　4　5　6　7

	是	否		是	否		是	否		是	否
1.1	☐	☐	3.1	☐	☐	5.1	☐	☐	7.1	☐	☐
1.2	☐	☐	3.2	☐	☐	5.2	☐	☐	7.2	☐	☐
			3.3	☐	☐	5.3	☐	☐	7.3	☐	☐

子量表 4：家長 / 照顧者和教師

項目 11：教師告訴家長有關兒童身體發展的信息，以及它對學習、發展和健康的益處　　　1　2　3　4　5　6　7

	是	否		是	否		是	否		是	否	不適用
1.1	☐	☐	3.1	☐	☐	5.1	☐	☐	7.1	☐	☐	
1.2	☐	☐	3.2	☐	☐	5.2	☐	☐	7.2	☐	☐	☐
						5.3	☐	☐	7.3	☐	☐	

運動環境評量表（MOVERS）的聯合觀察 / 評分者之間的信度

觀察的中心：_____ 日期：_____

兒童小組 / 房間：_____ 教師 / 從業者：_____

觀察者：_____

子量表和項目					商定的最後分數
子量表 1：有關身體發展的課程、環境和資源					
項目 1：設置環境和空間，促進體能活動					
項目 2：提供資源，包括可移動和 / 或固定器材					
項目 3：大肌肉活動技能					
項目 4：通過體能活動促進小肌肉活動技能					
子量表 2：有關身體發展的教學法					
項目 5：教師參與兒童的室內外運動					
項目 6：觀察和評估兒童在室內外的身體發展					
項目 7：制定室內外身體發展計劃					
子量表 3：支持體能活動和批判性思維					
項目 8：支持和拓展兒童的運動詞彙					
項目 9：通過體能活動，鼓勵在溝通和互動中持續共享思維					
項目 10：支持兒童在室內外的好奇心和解決問題的能力					
子量表 4：家長 / 照顧者和教師					
項目 11：教師告訴家長有關兒童身體發展的信息，以及它對學習、發展和健康的益處					

運動環境評量表（MOVERS）概覽

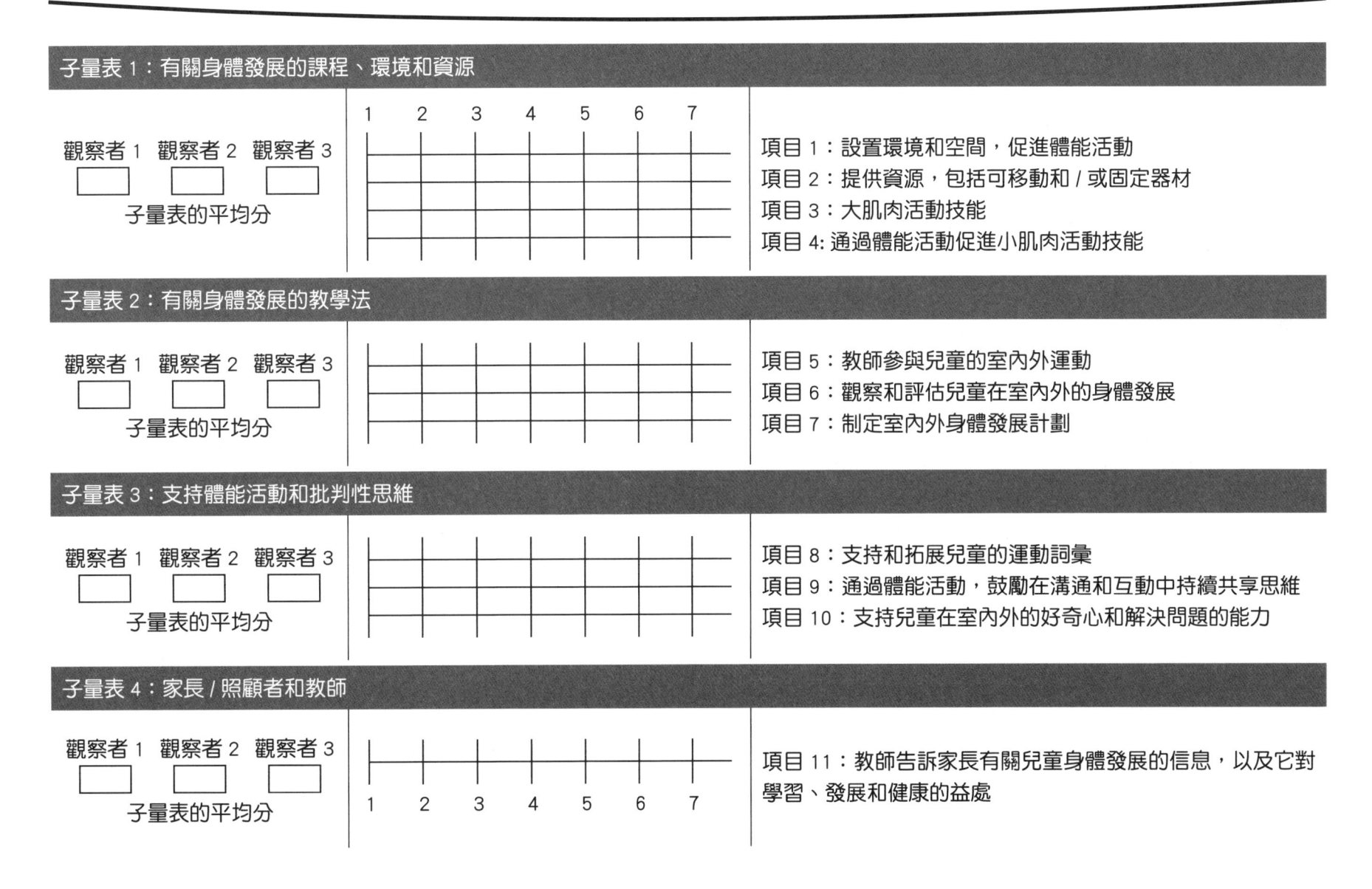

子量表 1：有關身體發展的課程、環境和資源

觀察者 1　觀察者 2　觀察者 3

子量表的平均分

項目 1：設置環境和空間，促進體能活動
項目 2：提供資源，包括可移動和 / 或固定器材
項目 3：大肌肉活動技能
項目 4：通過體能活動促進小肌肉活動技能

子量表 2：有關身體發展的教學法

觀察者 1　觀察者 2　觀察者 3

子量表的平均分

項目 5：教師參與兒童的室內外運動
項目 6：觀察和評估兒童在室內外的身體發展
項目 7：制定室內外身體發展計劃

子量表 3：支持體能活動和批判性思維

觀察者 1　觀察者 2　觀察者 3

子量表的平均分

項目 8：支持和拓展兒童的運動詞彙
項目 9：通過體能活動，鼓勵在溝通和互動中持續共享思維
項目 10：支持兒童在室內外的好奇心和解決問題的能力

子量表 4：家長 / 照顧者和教師

觀察者 1　觀察者 2　觀察者 3

子量表的平均分

項目 11：教師告訴家長有關兒童身體發展的信息，以及它對學習、發展和健康的益處

參考文獻

Archer, C. and Siraj, I. (2015a) *Encouraging Physical Development through Movement-Play*. London: Sage

— (2015b) 'Measuring the quality of movement-play in Early Childhood Settings: Linking movement-play and neuroscience'. *European Early Childhood Education Research Journal*, 23 (1), 21-42.

Australian Children's Education & Care Quality Authority (ACECQ) (2014) *Guide to the Education and Care Services National Law and the Education and Care Services National Regulations 2011*. Online. http://tinyurl.com/j28uxcc (accessed 30 June 2016).

Barker, T. (2016) personal conversation with the head of Agar Children's Centre, August.

Birch, L.L., Parker, L. and Burns, A. (eds) (2011) *Early Childhood Obesity Prevention Policies*. Washington, DC: National Academies Press. Online. www.nap.edu/catalog/13124/early-childhood-obesity-prevention-policies (accessed 30 June 2016).

Blaire, C. and Diamond, A. (2008) 'Biological processes in prevention and intervention: The promotion of self-regulation as a means of preventing early school failure'. *Developmental Psychopathology*, 20 (3), 899-911.

Bowman, B.T., Donovan, M.S. and Burns, M.S. (eds) (2000) *Eager to Learn: Educating our preschoolers*. Washington, DC: National Academies Press. Online. www.nap.edu/catalog/9745/eager-to-learn-educating-our-preschoolers.

Burchinal, M.R., Cryer, D., Clifford, R.M. and Howes, C. (2002) 'Caregiver training and classroom quality in child care centers'. *Applied Developmental Science*, 6, 2-11.

Burchinal, M., Hyson, M. and Zaslow. M. (2008) *Competencies and Credentials for Early Childhood Educators: What do we know and what do we need to know?* Enfield, CT: National Head Start Association. Dialog Briefs 11 (1).

Department of Health (DH) (2011) *Start Active, Stay Active: A report on physical activity for health from the four home countries*, Chief Medical Officers' Reference 16306. Online. http://tinyurl.com/lr6zbxy (accessed 26 September 2016).

Goddard Blythe, S. (2005) *The Well Balanced Child: Movement and early learning* (2nd ed.). Stroud: Hawthorne Press.

— (2011) 'Putting the Biological Needs of Children First'. Online. http://sallygoddardblythe.co.uk/putting-the-biological-needs-of-children-first/ (accessed 26 September 2016).

Hannaford, C. (1995) *Smart Moves: Why learning is not all in your head*. Weaverville, NC: Great Ocean Publishers.

Harms, T., Clifford, R.M. and Cryer, D. (2003) *Infant/Toddler Environmental Rating Scale-Revised (ITERS-R)*. New York: Teachers College Press.

— (2004) *Early Childhood Environment Rating Scale, Revised (ECERS-R)*. New York: Teachers College Press.

Howes, C., Burchinal, M., Pianta, R.C., Bryant, D., Early, D., Clifford, R. and Barbarin, O. (2008) 'Ready to Learn? Children's pre-academic achievement in prekindergarten'. *Early Childhood Research Quarterly*, 23, 27-50.

Jensen, E. (2005) *Teaching with the Brain in Mind* (2nd ed.). Alexandria, VA: Association for Supervision and Curriculum Development.

Lamont, B. (2001) 'Babies naturally'. Online. http://neurologicalreorganization.org/articles/babies-naturally/ (accessed 26 September 2016).

Macintyre, C. and McVitty, K. (2004) *Movement and Learning in the Early Years: Supporting dyspraxia and other difficulties*. London: Sage.

Mashburn, A., Downeer, J., Hamre, B. and Pianta, R.C. (2010) 'Consultation for teachers and children's langauge and literacy development during prekindergarten'. *Applied Developmental Science*, 14, 179-96.

Maude, P. (2008) 'How do I do this better? Movement development into physical literacy', in Whitebread, D. and Coltman, P. (eds), *Teaching and Learning in the Early Years*, 3rd edition. Abingdon: Routledge.

— (2010) 'Physical literacy and the young child'. AIESEP Conference Paper.

Melhuish, E.C., Phan, M.B., Sylva, K., Sammons, P., Siraj-Blatchford, I. and Taggart, B. (2008) 'Effects of the home learning environment and preschool center experience upon literacy and numeracy development in early primary school'. *Journal of Social Issues*, 64 (1), 95-114.

O'Callaghan, R.M., Ohle, R. and Kelly, A.M. (2007) 'The effects of forced exercise on hippocampal plasticity in the rat: A comparison of LTP, spatial- and not-spatial learning'. *Behaviour Brain Research*, 176 (2): 362-6.

Panksepp, J. (1998) *Affective Neuroscience: The foundations of human and animal emotions*. New York: Oxford University Press.

— (2010) 'The Importance of Play', interview with Dr Jaak Panksepp in Brain World. Online. http://brainworldmagazine.com/dr-jaak-panksepp-the-importance-of-play/ (accessed 26 September 2016).

Pasch, J. (2016) conversation with author, 15 August.

Phillipsen, L.C., Burchinal, M.R., Howes, C. and Cryer, D. (1997) 'The prediction of process quality from structural features of child care'. *Early Childhood Research Quarterly*, 12 (3), 281-303.

Reilly, J.J., Kelly, L., Montgomery, C., Williamson, A., Fisher, A., McColl, J.H., Lo Conte., R., Paton, J.Y. and Grant, S. (2006) 'Physical activity to prevent obesity in young children: Cluster randomised controlled trial'. *British Medical Journal*, 333: 1041.

Siraj, I., Kingston, D. and Melhuish, E. (2015) *Assessing Quality in Early Childhood Education and Care: Sustained Shared Thinking and Emotional Well-being (SSTEW) Scale for 2-5-year-olds provision*. London: Trentham Books.

Siraj-Blatchford I. (2009) 'Conceptualising progression in the pedagogy of play and sustained shared thinking in early childhood education: A Vygotskian perspective'. *Educational and Child Psychology*, 26 (2), 77-89.

— (2010) 'Teaching in early childhood centers: Instructional methods and child outcomes'. In Peterson, P., Baker, E. and McGaw, B. (eds) International Encyclopedia of Education, vol. 2, 86-92. Oxford: Elsevier.

Siraj-Blatchford, I., Sylva, K., Muttock, S., Gilden, R. and Bell, D. (2002) *Researching Effective Pedagogy in the Early Years (REPEY)*: DfES Research Report 356. London: DfES, HMSO.

Sylva, K., Melhuish, E., Sammons, P., Siraj-Blatchford, I. and Taggart, B. (2004) *The Effective Provision of Pre-school Education (EPPE) Project, Final Report: A longitudinal study funded by the DfES, 1997-2004*. London: Institute of Education/Department for Education and Skills/Sure Start.

Sylva, K., Siraj-Blatchford, I. and Taggart, B. (2010) ECERS-E: *The early childhood extension rating scale curricular extension to ECERS-R*. Stoke-on-Trent: Trentham Books.

Van Praag, H. (2009) 'Exercise and the brain: Something to chew on'. *Trends in Neuroscience*, 32 (5): 283-90.

World Health Organization Europe (WHO) (2007) *The Challenge of Obesity in the WHO European Region and the Strategies for Response*. Online. http://tinyurl.com/glgn8dk (accessed 4 September 2016).

— (2010) *Global Recommendations on Physical Activity for Health*. Online. http://tinyurl.com/glgn8dk (accessed 4 September 2016).

— (2013) 'Obesity and Overweight', Fact Sheet No 311. Online. www.who.int/mediacentre/factsheets/fs311/en/ (accessed 26 September 2016).

— (2016) *Report of the Commission on Ending Childhood Obesity*. Online. http://tinyurl.com/jkpds91 (accessed 26 September 2016).